农户环境友好型行为影响评价与政策创新研究

IMPACT ASSESSMENT AND POLICY SIMULATION ON
FARMERS' ENVIRONMENT-FRIENDLY BEHAVIOR

罗小娟◎著

经济管理出版社
ECONOMY & MANAGEMENT PUBLISHING HOUSE

图书在版编目（CIP）数据

农户环境友好型行为影响评价与政策创新研究/罗小娟著 . —北京：经济管理出版社，2016.9

ISBN 978 – 7 – 5096 – 4594 – 9

Ⅰ. ①农… Ⅱ. ①罗… Ⅲ. ①绿色农业—环境影响—评价—研究—中国 ②农业政策—研究—中国 Ⅳ. ①S – 01 ②F327

中国版本图书馆 CIP 数据核字（2016）第 212532 号

组稿编辑：杜 菲
责任编辑：杜 菲
责任印制：黄章平
责任校对：王淑卿

出版发行：经济管理出版社
　　　　　（北京市海淀区北蜂窝 8 号中雅大厦 A 座 11 层　100038）
网　　址：www. E – mp. com. cn
电　　话：(010) 51915602
印　　刷：北京九州迅驰传媒文化有限公司
经　　销：新华书店
开　　本：720mm × 1000mm/16
印　　张：12.75
字　　数：251 千字
版　　次：2016 年 9 月第 1 版　　2016 年 9 月第 1 次印刷
书　　号：ISBN 978 – 7 – 5096 – 4594 – 9
定　　价：58.00 元

前　言

　　我国是历史悠久的农耕文明国家，从远古农耕时代一直维持着低投入、低产出和低污染的自然农业模式，自从 19 世纪后半期石油化工的兴起，人工合成氨的问世推动农业的发展开始进入高投入、高产出，同时也是高能耗、高污染的新型农业增长模式。化肥是 1906 年由西洋商人引入我国，并在 20 世纪 80 年代迅速蔓延，成为现代农业生产中获得高产的重要手段，为作物的增产做出巨大贡献。但是随着化肥施用量的不断增加，化肥对作物增产的边际效果不断递减，主要原因是我国在化肥使用过程中存在普遍过量施肥以及氮磷钾肥（NPK）施用比例不合理等问题导致化肥利用率低下。化肥过量施用和养分（主要是 N 素和 P 素）的大量流失会引发土壤盐渍化、水体富营养化和地下水硝酸盐超标等诸多环境问题。为此，国家设计和实施了多项政策以减少化肥施用量和提高化肥利用效率，如鼓励发展生态农业、循环利用农业废弃物等。其中，国家（农业部）于 2005 年启动实施的一项化肥减量政策——测土配方施肥补贴项目，投资最多、覆盖面最广。2005 年以来，中央将测土配方施肥作为重大农业科技措施连续写入"中央一号"文件，并确定为我国一项长期性、基础性和公益性的重要工作，逐年扩大补贴规模。

　　纵观国内外相关文献，关于测土配方施肥技术的研究主要集中在测土配肥方案决策系统的研发以及通过田间试验方法评价该技术对作物生长的影响，然而从技术推广利益相关主体的视角，评价测土配方施肥技术应用环境和经济影响的研究几乎没有。尤其是农户，作为测土配方施肥技术的实际应用者，研究影响其采纳测土配方施肥技术的因素、技术采纳对环境和经济的影响对于促进农业增产、农民增收以及农村生态环境改善具有重要的理论和现实意义。考虑到在经济发达地区，过量施用化肥及其所引发的环境问题更严重，所以本研究以太湖流域为例，构建了宏观评价—微观评价—政策模拟的研究主体框架，运用相关计量方法和数理规划方法进行实证检验，以期为国家实现提高农业生产率、增加农民收入和改善农村生态环境的多赢提供有效推广测土配方施肥技术等环境友好型技术的政策建议。

宏观评价主要是基于区域层面对测土配方施肥技术的环境与经济影响进行评价。通过在 DID 理论模型基础上有机耦合 EKC 分解模型、C－D 模型和供给反应模型，分别构建了测土配方施肥项目对区域环境与经济影响的评价模型，并使用江苏省 52 个县（市）2004～2006 年的面板数据进行实证检验。研究结论表明：①在控制其他变量不变的情况下，参加测土配方施肥项目有助于提高样本县（市）种植业总产值，而且增加的幅度逐年增长。②环境影响评价中参与测土配方施肥项目对单位耕地面积化肥施用量的影响并不显著，从影响符号看，参与测土配方施肥项目第 1 年为正，但是从第 2 年开始出现负效应。可能的解释是江苏省测土配方施肥的配肥原则是"增钾减氮"，项目的推广会使肥料施用结构发生改变，所以掩盖了测土配方施肥对化肥用量的真实效果。③从 EKC 假说验证角度看，江苏省化肥投入强度与宏观经济存在典型的倒 U 型关系，转折点在人均 GDP 为 16615 元（2004 年 = 100）。即随着经济的发展，江苏省化肥投入强度呈现先上升后下降的趋势。

微观评价主要是基于农户层面研究农户测土配方施肥技术采纳行为及其环境与经济影响。基于太湖流域 221 户水稻生产农户调查数据，首先利用 Probit 模型分析了影响农户采纳测土配方施肥技术的因素，其次通过构建投入需求和产出供给方程，评价了测土配方施肥技术采纳的环境和经济效应。研究结果表明：①平均年龄越小、家庭耐用资产状况越好以及与上一年农技推广人员接触次数越多的农户，越倾向于选择测土配方施肥技术，而受教育年限较少或较多的农户都不愿意选择测土配方施肥技术。②测土配方施肥技术能够有效地减少化肥施用量（尤其是 N 肥施用量），在控制其他条件不变的情况下，测土配方施肥技术采用率每增加 1%，化肥施用量会降低 0.09%（0.45 千克/公顷）。③测土配方施肥技术可以显著提高水稻单产，在其他条件不变的情况下，测土配方施肥技术采用率每增加 1%，水稻单产将提高 0.04%（2.91 千克/公顷）。④若研究区域实现全面推广应用（采用率达到 100%），将进一步减少化肥施用 34.91 千克/公顷，同时提高水稻产量 223.98 千克/公顷，存在较大的经济和环境效应潜力。

政策模拟主要是对农业与环境政策对农户采纳环境友好型技术的激励作用以及可能产生的经济、社会和环境影响进行事前评价。基于太湖流域上游地区 268 户农户农业生产的调查数据，首先根据土地经营规模和非农收入水平将样本聚类成 4 种农户类型（农户类型 1～3 为小规模农户，且非农收入依次递增；农户类型 4 为种植大户，非农收入与农户类型 1 相当）；其次通过构建农户生物—经济模型模拟各种农户类型在各种备择农业与环境政策下土地利用决策（作物种植行为和环境友好型技术采纳行为）及不同决策下经济、社会和环境影响；最后还研究了机插秧补贴、作物价格波动和对种植大户直接补贴等情景对农户土地利用决策和投入—产出等的影响。主要模拟结果如下：①在保持现有政策不变的情况下（BLY情景），环境指标整体改善，但是经济指标和社会指标总体变差。主要是因为大量劳动力的外出务工使农村遭受严重的人力资本流失，致使双季作物转向单季作物种植，降低了粮食总播种面积和总产量。②农业与环境政策可以通过改变种植结构和提高环境友好型技术的采用率来实现经济、社会和环境的可持续发展。其中，经济激励政策对环境友好型技术采纳的激励作用明显强于培训及教育手段，但是后者也能有效诱导农户采用适地养分管理技术等环境友好型技术。在农业与环境政策的激励下，不仅环境指标得到更大幅度的改善，同时农户收入和表征粮食安全的水稻产量也显著增加。③不同农户类型之间的农业经营情况和对政策的反应存在显著差异。从经营情况看，种植大户的经营效益是最高的，其次是低兼小农。从政策反应差异看，兼业程度较低、对农业依赖程度较大的农户类型（如低兼小农和种植大户）对农业与环境政策的灵敏性较强。④农民的劳动时间配置存在多样化，规模经营更有利于降低推广环境友好型技术的监督成本。⑤对种植大户的补贴确实能够调动农户种粮积极性和提高农户收入。

基于上述研究成果，文章认为解决如何深入推广环境友好型技术，引导农户合理施肥，进而从源头遏制农业面源污染，确保区域可持续发展的新思路是：①升级测土配方施肥系统，健全测土配方施肥的基层推广体制。广纳土肥专业技术人员和软件系统开发人才，形成政府主导、部门协作和企业参与的基层推广机制，切实推广普及测土配方施肥技术。②扩大宣传、强化农技培训，规范测土配方施肥项目管理实施。尤其是重点培训比较年轻、中等受教育程度和以务农为主的农户家庭，并充分挖掘示范户的榜样作用。③制定激励政策，充分调动农户采用测土配方施肥技术的积极性。扩大测土配方肥补贴范围，降低测土配方肥的价格，对农民的财政补贴政策应该逐步向农业生态环境保护倾斜。④准确定位政策目标群体，实行差别化管理政策。以非农收入为主的小规模经营农户，鼓励其脱离农业；以农业收入为主的小规模经营农户，增强其运用科技致富的本领；对于种植大户，从各方面给予扶持，使其成为农业经营的骨干。⑤发展适度规模经营，降低推广环境友好型技术的监督成本。此外，政府应该重视提高土壤肥力的工程，鼓励农民应该通过增施有机肥、秸秆还田和合理轮作等方式提高土壤肥力，实现作物的持续稳定增长。

罗小娟

2016 年 3 月于南昌

目　录

第一章　导论

作为全书的"引领"章节，本章首先介绍了研究背景及明确了研究意义，确定了本研究的研究目标、内容及框架，然后阐述本研究所使用的研究方法、技术路线以及数据来源，最后提出本研究可能的创新点与存在的不足。

一、研究背景与研究意义

我国是历史悠久的农耕文明国家，从远古农耕时代一直维持着低投入、低产出和低污染的自然农业模式，自从 19 世纪后半期石油化工的兴起，人工合成氨的问世推动农业的发展开始进入高投入、高产出，同时也是高能耗、高污染的新型农业增长模式。化肥是 1906 年由西洋商人引入我国，并在 20 世纪 80 年代迅速蔓延，成为现代农业生产中获得高产的重要手段，为作物的增产做出巨大贡献。根据国外的研究统计，化肥对作物产量的贡献率达 30% ~ 50%，而中国的研究证明贡献率约为 50%（李宝刚等，2009）。

虽然化肥是增加作物产量的关键因子，但是我国在化肥施用过程中存在三个问题：第一，由于长期受"施肥越多，产量就越高"传统观念的影响，农民的化肥施用量呈现逐年显著递增趋势。1990 年，全国的化肥总施用量（折纯量）为 2590.3 万吨，至 2014 年则高达 5995.9 万吨，是 1990 年的 2.3 倍[①]。按播种面积计算，2014 年化肥施用强度达到 362 千克/公顷，比发达国家设置 225 千克/公顷的安全上限（张林秀等，2006）高出 61%[②]。第二，氮磷钾（NPK）肥施用比例不合理。据研究，适合中国农作物生长的 N、P 和 K 的合理比例为 1：0.4 ~ 0.45：0.25 ~ 0.30（高云宪等，1999），而实际施肥比例为 1：0.3：0.15（农业

---

①② 根据《中国统计年鉴数据》（2015）整理所得。

部，1999），呈现 N 肥用量明显偏高，P 肥和 K 肥相对不足的特点。根据最小养分理论，如果最小养分限制因子短缺，即使其他养分非常充足，也难以提高作物产量。第三，虽然随着化肥施用量的逐年增加，化肥偏生产力①却逐年下降，化肥利用率亦越来越低。根据统计资料计算，1990 年化肥偏生产力为 17.2，而 2014 年则减少至 10.1，降幅达 41%②。据研究，发达国家化肥利用率则高达 60%～70%，而我国的 N 肥利用率仅为 30% 左右、P 肥利用率为 10%～25%、K 肥利用率为 35%～50%，其他部分都随地表径流、泥沙、淋溶等形式损失了（靳乐山、王金南，2004；莫凤鸾等，2009）。化肥过量施用和养分（主要是 N 肥和 P 肥）的大量流失已经引起诸多环境问题，首当其冲的是江河湖泊的富营养化，农田反硝化作用释放出的温室气体 N_2O 可能加快全球气候变暖和地球臭氧层的破坏、地下水和蔬菜中硝酸盐超标等环境问题也与肥料的不合理施用有关（Baker & Johnson，1981；彭少兵等，2002；叶学春，2004；闫湘等，2008）。

在经济发达地区，不合理甚至盲目过量施用化肥现象以及由此引发的环境问题更严重，太湖流域就是一个典型。太湖流域区内人口密集、经济发达、农业投入和产出水平均居全国前列。据统计，太湖流域耕地平均化肥施用量每公顷约 600 千克，是全国平均水平的 2.16 倍（国家发改委，2008）。入湖河道高浓度营养盐的连续输入使太湖水体营养化程度不断加剧。其实，太湖水体富营养化问题从 20 世纪 80 年代就开始凸显，1995 年太湖的 TN 和 TP 分别达到富营养化发生浓度的 17.5 倍和 6.6 倍（程波等，2005），完全具备全湖发生重营养化的营养盐条件，但是相应环境保护和治理措施一直滞后。2007 年暴发的"太湖蓝藻事件"终于给人们敲响了警钟。随后，太湖流域农业面源污染治理工作全面提速，如环太湖生态林、生态拦截沟渠的建设，但是太湖水质改善效果并不显著，与治理目标相距甚远，其根源在于农业面源污染源头没有得到有效控制。根据《第一次全国污染源普查公报》，我国农业面源污染中 59% 的 TN 污染来源于化肥的过量施用（国家环保部，2010）。所以，如何引导农户合理施肥，提高肥料利用率，进而从源头遏制农业面源污染，确保太湖流域农业可持续发展是当前紧迫任务。

为此，国家设计和实施了多项政策以减少化肥施用量和提高化肥利用效率，如鼓励发展生态农业、循环利用农业废弃物等。其中，国家（农业部）于 2005 年启动实施的一项化肥减量政策——测土配方施肥补贴项目，投资最多，覆盖面最广。测土配方施肥技术是联合国推行的一项环境友好型技术，其核心是实现养分平衡供应，提高肥料利用率和减少化肥用量，提高作物产量，保护农业生态环境。截至 2012 年，中央财政累计投入资金 57 亿元，项目县（场、单位）从

---

① ② 化肥偏生产力指单位化肥的作物产量。计算公式：化肥偏生产力 = 作物产量/化肥施用量。

2005 年的 200 个试点县增加到 2498 个，基本覆盖所有农业县（场）①。2013 年，中央一号文件再次提到深入实施测土配方施肥，充分体现深入推广测土配方施肥的重要性和国家的重视程度，希望通过诱导农户合理施肥来解决过量施肥和化肥利用效率低下的问题。虽然该技术考虑到作物需肥规律、土壤供肥性能和肥料效应，但是实地调研中发现，农户在应用该技术中并没有完全做到准确地根据作物生长周期配肥以及精准把握施肥量，没能彻底贯彻测土配方施肥技术的深刻内涵和完全发挥其技术效应。所以本研究在测土配方施肥基础上，引入更直观的、有机结合看苗诊断的改良版测土配方施肥——适地养分管理技术（Site - Specific Nutrient Management，SSNM）。两种施肥技术同属于测土配方施肥技术，是测土配方施肥在不同贯彻实施程度下的两种状态。与现阶段的测土配方施肥技术相比，适地养分管理技术需要根据作物生长需求施肥，对肥料（尤其是氮肥）分配更合理，对提高肥料利用率效果更显著。所以现阶段的测土配方施肥技术的普及可以作为减少化肥施用的短期目标，而适地养分管理技术作为测土配方施肥技术的深化，可以作为进一步减少肥料施用、提高肥料利用率的长期目标。

　　要推广环境友好型技术，转变肥料资源利用方式，实现农业可持续发展，一方面，提高地方政府对推广环境友好型技术的积极性是前提，所以本书首先在县（市）层面对测土配方施肥技术的环境效果和经济效果进行了评价，目的是增强地方政府推广技术的积极性和提高农技推广效率。另一方面，改变农户的选择行为是关键，因为农户是农业新技术的最终接受者和应用者，直接关系一项新技术的应用效果，故摸清农户对环境友好型技术采纳的决策影响机制具有现实指导意义。为此，本研究从微观层面，以探索农户采纳环境友好型技术的行为决策为起点，进而评估测土配方施肥技术对单位土地面积化肥施用量和水稻单产的影响，通过数理规划方法构建农户生物—经济模型模拟有利于环境友好型技术推广的农业与环境政策对农户土地利用决策行为（种植结构行为和环境友好型技术采纳行为）的激励效果，并分析不同土地利用决策所产生的经济、社会和环境三方面的综合影响。本研究选择太湖流域作为研究对象，充分考虑沿海沿湖发达地区环境问题严重性和农业条件的相似性，对研究解决经济相对发达地区的农业面源污染问题有较强的实践指导意义。

---

① 中央财政将安排转移支付资金 7 亿元支持测土配方施肥［EB/OL］. http：//www. cnr. cn/allnews/201205/t20120520_ 509656811. html.

二、研究目标与研究内容

（一）研究目标

总体目标：利用计量经济学工具和数理规划方法对农户采纳环境友好型技术进行影响评价和政策模拟，为政府制定环境友好型技术推广政策以引导农户合理施肥，提高肥料利用率，减少肥料浪费，进而从源头遏制农业面源污染，保护生态环境，确保农业可持续发展提供理论及实证依据。为实现这一总体目标需要实现以下三个子目标：

子目标1：宏观评价上，基于区域层面评价测土配方施肥技术的环境和经济影响，以期提高地方政府推广测土配方施肥技术的积极性。

子目标2：微观层面上，揭示影响农户测土配方施肥技术采纳决策的影响因素，分析农户采纳测土配方施肥技术的环境和经济效应的影响，为测土配方施肥技术的深入推广和规范实施提供现实依据。

子目标3：模拟农业与环境政策对采纳环境友好型技术如适地养分管理技术的激励作用，以及对经济、社会和环境三方面可持续发展的综合影响，为决策者制定相关农业与环境政策，以有效引导农户采用环境友好型技术提供实证支撑。

（二）研究内容

围绕上述研究目标，本研究的主要内容有以下四个：

1. 测土配方施肥技术的采纳对区域环境与经济影响的评价

本部分拟用 DID 模型对比评价测土配方推广前后以及不同推广年份对样本区域环境与经济的净影响以及影响效果的持续性。构建 DID 模型、EKC 模型、C - D 生产函数和供给反应函数有机耦合的理论评价模型，利用江苏省 2004 ~ 2006 年 52 个县和县级市的社会经济数据对理论模型进行实证检验。由于化肥施用不当是造成农业面源污染的主要原因之一，所以环境评价指标选择了样本县（市）的单位耕地化肥施用量（折纯量）；而经济指标选择了样本县（市）种植业总产值（采用以 2004 年不变价以消除价格因素的影响）。

2. 农户采纳测土配方施肥技术的影响因素分析

本部分的内容是构建二元 Probit 模型分析农户采纳测土配方施肥技术的影响因素，厘清农户采纳环境友好型技术的决策机制。结合已有的文献研究方法和数据可得性，将影响因素分成 5 类：户主家庭特征、土地资源特征、技术信息因素、风险变量和地区差异因素。其中，户主家庭特征具体包括家庭规模、成年人口平均年龄和受教育年限、家庭耐用资产情况；土地资源特征包括人均承包水田面积、土壤贫瘠指数和土地产权安全性；风险变量指农户主观风险指数和自然灾害情况；使用地区虚拟变量反映地区之间某些难以观察的系统差异。

3. 农户采纳测土配方施肥技术的环境与经济影响评价

虽然各种田间实验的结果均表明，测土配方施肥能够减少化肥施用量和提高作物产量，具有良好的环境和经济效应，但是农户在实际耕作过程中并不能像田间实验一样可以控制多种外界因素，避免结果受干扰。所以有必要基于农户调研情况，研究农户在非实验条件下，测土配方施肥技术对其化肥施用行为和土地产出率的真实效果。首先基于投入需求和产出供给方程构建测土配方施肥技术与农户单位面积化肥施用量、水稻单产关系的理论模型，然后通过太湖流域农户调研数据进行实证检验。因为研究区域测土配方施肥的配方原则是"增钾减氮"，预期该技术对不同单质肥的影响并不一致，所以化肥施用量指标具体细化为 N 肥用量、P 肥用量、K 肥用量和化肥折纯总量四个指标。

4. 环境友好型技术的采纳对可持续发展的影响评价

本研究利用农户生物—经济模型建立 1 年期农户层面人地关系行为机制模型，模拟有利于环境友好型技术推广的农业与环境政策对农户土地利用决策行为的影响，以及分析不同决策行为所产生的经济、社会和环境影响。农户生物—经济模型是情景模拟和数理规划的结合。本研究的目标函数为农户种植业的净收益最大化，资源约束条件为土地、劳动力和资金等。根据不同农业与环境政策设计了以下几种政策情景：①教育与培训政策；②化肥税收政策；③农产品价格补贴政策；④资金补贴政策（包含两种形式）。农户生物—经济模型通过模拟不同特征的农户在不同政策情景下土地利用决策行为（包括作物种植行为选择和环境友好型技术选择），进而模拟不同决策行为所产生的经济、社会和环境综合影响。本研究所采用的可持续指标体系是基于九大土地利用功能构建的，主要包括经济、社会和环境三个维度的九大指标。

（三）总体结构

围绕上述研究目标和主要研究内容，本研究共由以下八章内容组成：

第一章，导论。提出选题背景和研究意义，明确研究目标、研究内容、研究框架、研究方法和技术路线，交代清楚研究的数据来源，同时总结本研究的创新与不足之处。

第二章，文献回顾。从化肥施用与农业面源污染、政策与技术影响评价、环境友好型施肥相关研究以及对控制农业面源污染的技术与政策等方面对国内外相关文献进行综述，为本研究提供可选择的政策评估方法、政策工具类型以及政策情景设计思路。

第三章，概念界定与理论基础。界定基本概念，梳理研究过程中可能涉及的相关理论，用以指导以后章节的实证研究。

第四章，研究区域概况及样本选择。介绍研究区域的经济地理概况和农业面源污染情况，详细交代了后续实证研究章节的区域样本和农户样本选择过程，并介绍了样本区域的社会经济状况。

第五章，基于区域层面的测土配方施肥技术环境与经济影响评价。基于江苏省县域层面数据，从区域层面评价了测土配方施肥技术对区域环境与经济的影响。

第六章，基于农户层面测土配方施肥技术采纳行为及其环境与经济影响评价。以农户为切入点，研究测土配方施肥技术采纳的微观机制以及评价技术采纳相应的环境与经济效应。

第七章，基于农户生物—经济模型环境友好型技术采纳行为及政策模拟。通过构建农户生物—经济模型，模拟培训、税收以及不同补贴政策情景对农户环境友好型技术采纳行为的激励效果，并评价相应的经济、环境和社会影响。

第八章，研究结论和政策建议。汇总上述研究结果，并提炼出有效促进环境友好型技术的深入推广和规范实施的政策建议，以期通过引导农户合理施肥，做到真正从源头遏制农业面源污染，确保太湖流域可持续发展，同时为其他相似地区提供一定的借鉴参考。

三、研究方法、技术路线与数据来源

（一）研究方法

1. 归纳总结法

由于研究内容涉及学科广泛，包括资源学、经济学、环境学、土壤学和农学等，因此，对国内外研究成果的学习与总结是本研究的基本研究方法。通过从前人的研究成果中总结出本研究的理论框架，并筛选出适合本研究的方法。

2. 社会调查法

（1）访问调查法。研究期间，笔者及研究团队曾多次走访样本区域太湖流域上游地区的无锡市、常州市和镇江市的农林局、镇级土肥站、农机站、农技推广中心和农业服务中心等单位。通过访谈，充分了解测土配方施肥技术的工作流程及推广情况。此外，在预调研过程中，除了走访相关部门单位，还与村委会干部、化肥店老板和农民等群体交流了对测土配方施肥技术的认识和看法。在政策情景模拟结束后，也会通过专家访谈形式，对所模拟政策实施的可行性与成本效益进行定性讨论。

（2）问卷调查法。微观调查数据是本研究最重要的数据来源之一，而问卷调查是收集微观农户数据最直接有效的方法。本研究农户调研的内容包括农户基本状况、土地资源、农作物生产及投入情况（尤其是作为研究核心的化肥，详细了解化肥品种、养分配比和施用量），非农就业状况、家庭收入和农户对环境的认知程度等。农户调查数据是从微观层面评价测土配方施肥技术、构建农户生物—经济模型的主要依据。

3. 定性分析与定量分析相结合法

定性分析与定量分析是相互补充和相互统一的，将两者相结合才能更准确地把握客观事物和规律的本质。本研究在定性分析基础上提出相关理论假说，然后结合统计学方法、经济计量与线性规划等定量方法对假说进行验证。具体包括基于 STATA 统计软件，利用 DID 模型研究测土配方施肥技术对样本区域的环境与经济影响；运用 Probit 模型分析农户对测土配方施肥技术采纳决策的影响因素；运用投入需求和产出供给模型分别评价测土配方施肥技术对农户化肥施用行为和土地产出率的影响。在一般线性代数模拟系统（General Algebraic Modeling System，GAMS）环境下运用农户生物—经济模型模拟农业与环境政策对农户土地利用决策（如环境友好型技术采纳）的改变以及相应的经济、社会和环境影响。

4. 情景模拟法

本研究中为了检验相关的农业与环境备选政策对农户土地利用决策行为的影响以及对经济、社会和环境三方面可持续发展的综合影响，在农户生物—经济模型中综合运用情景模拟法分析教育培训、化肥税收、农产品价格补贴等备选政策实施后的情景变化，如目标产量的变化、养分利用率的变化和劳动投入的变化等，设置相应的模拟参数，并输入农户生物—经济模型中进行最优化运算。

（二）技术路线

本研究的技术路线图如图 1-1 所示，具体研究思路主要包括四个步骤：

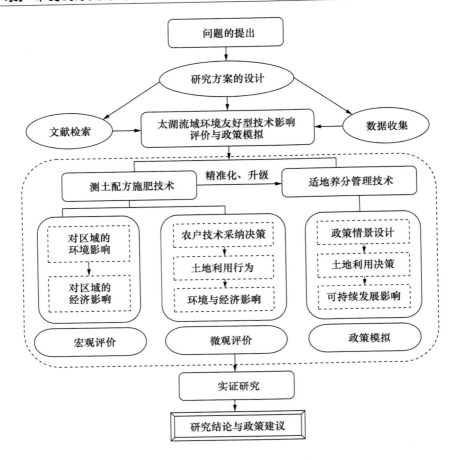

图1-1　本书研究技术路线图

第一步，提出研究议题。在面临化肥施用过量、肥料利用率低并引致众多环境问题的背景下，结合相关研究文献和多方面数据信息收集，初步设计研究方案并提出本研究的议题——太湖流域环境友好型技术采纳行为及其影响评价与政策模拟。

第二步，构建理论分析框架。重点研究的环境友好型技术为测土配方施肥技术，包括现阶段的测土配方施肥技术和适地养分管理技术两种技术状态，其中适地养分管理技术更直观，结合看苗诊断，能够充分发挥测土配方施肥技术效应改良版测土配方施肥技术。本研究试图从农业技术推广的不同层面（宏观层面、微观层面和政策层面）对采纳测土配方施肥技术进行影响评价和政策模拟，故构建宏观评价—微观评价—政策模拟的理论分析框架。而不同层面的研究内容服务于不同的研究目标，其中，①宏观评价主要是从区域层面评价推广测土配方施肥技术对地区的环境与经济影响，以期提高地方政府推广测土配方施肥技术的积极性。②微观评价则考虑农户作为测土配方施肥技术的最终应用者，是决定技术效果的关键环节，故以农户为突破环节，首先分析影响农户采纳测土配方施肥技术的影响因素，然后探讨测土配方施肥技术采纳对农户土地利用行为（化肥施用行为和土地产出率）的影响，最后评价该技术采纳的环境和经济影响，为测土配方施肥技术的深入推广和规范实施提供现实依据。③政策模拟主要是根据国内外经验设计有利于化肥减量和采纳环境友好型施肥技术的农业与环境政策，模拟这些政策对农户环境友好型技术采纳等土地利用决策行为的引导，评价不同决策下相应的经济、社会和环境影响，为决策者制定相关政策以有效引导农户采用环境友好型技术提供实证支撑。

第三步，进行实证研究。在理论框架指导下，结合经济学、统计学、环境学、土壤学和农学等学科知识和工具对分析框架中宏观评价、微观评价和政策模拟部分进行相应的实证检验。

第四步，提炼结论和政策建议。在实证分析结果的基础上，总结提炼研究结论，为如何通过推广环境友好型技术减少化肥用量，进而保障太湖流域可持续发展提出政策建议，同时也为其他类似地区提供借鉴参考。

（三）数据来源

本研究所用数据包括社会经济数据、农业生产数据、农户调查数据以及养分技术参数等，具体来源如下：

1. 社会经济数据

分析研究区域社会经济与农业生产状况以及预测相关价格参数所用的数据，除特别说明外，一般来自历年《中国统计年鉴》、《中国劳动统计年鉴》、《江苏统计年鉴》、《无锡统计年鉴》、《常州统计年鉴》和《镇江统计年鉴》等。

2. 农业生产数据

分析水稻、小麦和油菜作物各种投入和产出数据，除特别说明外，一般来自历年《全国农产品成本收益资料汇编》、《建国以来全国主要农产品成本收益资料汇编（1953～1997年）》、《江苏农村50年（1949～1999年）》、《江苏省农村统计年鉴》、《江苏省农产品成本收益资料汇编》等。

3. 农户调查数据

微观的农户调查数据主要来自农户问卷调查。2008年，我们在无锡、常州和镇江3市15镇30村组织了一次规范的农户调研，一共收集325份有效农户数据。问卷中包含了农业生产投入和产出情况，由于化肥投入是本研究的重点，所以问卷中对化肥信息询问非常详细，涉及每种作物所施用的每种化肥种类、价格、养分配比（NPK 比例）和施用量。

4. 技术参数数据

在农户生物—经济模型的构建中需要设置很多关于各种作物养分需求和流失等的技术参数，如土壤中养分含量系数、作物对养分的吸收系数和养分流失系数等。这些技术参数主要来源于众多自然学科试验的研究结果、相关文献和对国内外相关领域专家的咨询。

5. 其他数据

在部分地方引用了一些没有正式出版的统计资料和数据，如无锡市、常州市和镇江市农林局、镇级农机站、农技推广中心和农业服务中心等单位提供的相关统计调查资料，均已在文中具体说明。

四、可能的创新与不足

（一）可能的创新

从目前国内已有的研究看，本研究具有以下特色和创新之处：

1. 研究内容较新颖

以往对测土配方施肥技术的评价研究主要停留在自然科学的田间试验，缺乏从技术推广的利益相关主体视角的研究。尤其是农户作为农业新技术的实际应用者，却很少有研究从农户层面展开与测土配方施肥相关的实证研究。本研究基于统计年鉴数据和农户调研数据，应用计量经济学工具对不同利益相关主体展开研究，不仅从区域层面评价了测土配方施肥技术采纳对推广单元的环境和经济影响，还从农户层面研究了影响农户采纳测土配方施肥技术的因素，并评价技术采纳的环境和经济影响，弥补了测土配方施肥技术在社会科学领域研究资料的不足。

2. 研究方法的创新

我国有关测土配方施肥技术选择经济效应评价的文献主要采用计量经济学和实证数学规划的方法，但在计量经济学的应用中却忽略了农户施肥技术选择这一变量内生性的特点。而本研究考虑了技术选择的内生性问题，并借助工具变量法加以解决。另外，本研究引用欧盟项目研发的农户生物—经济模型（Bio - economic Household Modeling），并通过实地农户调研数据及相关文献查阅将模型本土化，形成适用于太湖流域的政策模拟评价。该模型有机结合了农户的经济决策行为与作物生长、养分供给、流失和循环的自然生态过程，充分体现了学科交叉的特色。利用农户生物—经济模型进行政策模拟评价在国内的研究中非常新颖。

（二）可能存在的问题

（1）在区域层面的测土配方施肥技术环境与经济影响评价的实证中，由于只能获得江苏省各个县（市）化肥的折纯总量数据，无法获得氮、磷、钾肥的独立数据，所以从区域层面上并不能区分测土配方施肥技术对氮、磷、钾肥的独立影响，使得本部分的研究结果存在一定的局限性。不过在农户层面的影响评价实证章节中，这一问题得到很好的解决。

（2）在政策模拟的实证章节中，关于适地养分管理技术的模拟，由于没有收集到真正采用适地养分管理的样本，故根据作物的实际施氮量和太湖流域该种作物最佳氮肥施用量的比较情况，从测土配方施肥样本组分化出适地养分管理样本，这样可能会对结果造成一定的误差。

第二章 文献回顾

随着水体富营养化对人们生产和生活的影响日益突出，农业面源污染问题逐步成为社会关注的热点和重点。而化肥的过量施用是农业面源污染加剧的最关键原因之一，为此，政府通过制定环境友好型技术推广政策以引导农户合理施肥、提高肥料利用率、减少肥料浪费，是从源头遏制农业面源污染，保护生态环境，确保农业可持续发展的有效途径。本章将围绕本研究的主要内容，从以下四部分对国内外文献进行归纳与总结：①化肥施用与农业面源污染研究综述；②政策与技术影响评价研究综述；③测土配方施肥技术相关研究进展；④农业面源污染防控政策研究综述。

一、化肥施用与农业面源污染研究综述

我国化肥过量施用造成的环境问题正在不断加剧，尤其是对农业面源污染的贡献率持续上升，成为制约我国农业可持续发展的最大瓶颈之一。李贵宝等（2001）和邱君（2007）研究指出，太湖、巢湖和滇池分别有59%、33%和63% TN 来源于农业面源污染，对 TP 的贡献率分别达到30%、41%和73%，已经超过了点源污染比例，上升为威胁地表水的主要污染源。根据《2010 年中国环境状况公报》统计，26 个国控重点湖泊（水库）水质情况不容乐观，其中水质为 V 类和劣 V 类的湖泊占 61.6%；水体富营养化情况也比较严重，53.8%的重点湖库为富营养化，其余均为中营养化（环保部，2010）。化肥对水体污染主要是化肥中 N 素和 P 素经过地表径流或者渗漏至地下水，养分聚集在湖泊和地下水源，造成水体富营养化。据估计，农田使用的 N 肥约有 5%会直接进入地表径流，2%左右会渗透到地下水层（朱兆良等，2006）。2007 年我国农田 N 肥（折纯氮）通过径流损失达 114.9 万吨，而通过渗透流失达 45.9 万吨，大量 N 素流失加剧

了水体的富营养化程度（蔡荣，2010）。

二、政策与技术影响评价研究综述

政策与技术影响评价主要目的是鉴定所执行的政策或技术在达到目标上的效果，确认政策对问题的解决程度和影响程度。学者针对政策与技术的影响评价开展了一系列研究，本节主要从评价内容和评价方法两个角度对相关文献进行归纳和总结。

（一）政策与技术影响评价内容综述

综述国内外现有研究发现，根据评价内容可以将政策与技术的影响评价分成三类：①对政策对象个体和技术采用主体的行为影响评价；②对单一指标的影响评价，即评价只集中于经济、社会或者环境某一方面的影响；③综合影响评价，即同时对经济、社会和环境的影响进行综合评价。

1. 对个体行为的影响评价

部分国外学者通过 DID 方法估计税收改革对不同人群或者不同收入阶层产生的行为差异来评价美国 1986 年推行的税收改革法案（Gruber & Poterba，1994；Eissa，1995；Feldstein，1995）。翟文侠、黄贤金（2005）以江西省 174 个农户样本调查数据为基础，应用 DEA 模型对区域退耕还林政策下农户水土保持行为做响应分析。邓祥宏等（2011）基于河南小麦、玉米、水稻和大豆 4 种作物补贴前后的投入产出数据，运用 DEA 模型分析测土配方施肥技术补贴实施效果，研究表明，补贴提高了测土配方施肥技术采用率。Júdez 等（2002）应用 PMP 模型评价和预测欧盟共同农业政策（Common Agricultural Policy，CAP）对西班牙纳瓦拉地区（Navarra）小麦、大麦和向日葵种植面积调整的影响。Cortignani 和 Severini（2009）在地中海地区节水灌溉新技术的推广研究中，运用 PMP 模型，以最大化农户种植业纯收益为目标函数模拟灌溉水价格上升情景、灌溉水供给量减少情景和提高农产品价格情景三种政策下农户对节水灌溉技术采用行为的响应。

2. 单一指标的影响评价

（1）经济影响评价。Lin（1992）利用 C – D 生产函数基于我国大陆 28 个省市区（西藏由于数据不可获得，所以未被计算入内）1970～1987 年的面板数据测度土地产权改革、农产品价格调整和其他农村改革对农业增长的影响。Zhang

等（1997）基于我国 1980～1990 年相关社会经济数据，利用 C－D 生产函数分析经济改革对我国粮食生产的影响。朱晶（2003）通过 C－D 生产函数分析了我国 6 个农区的 1979～1997 年农业科研公共投资对小麦、玉米和水稻单位面积产量增长的绩效。李焕彰等（2004）基于全国水平用 1986～2000 年的财政支农结构数据，运用 C－D 生产函数测定农业基本建设支出、农业科技三项费用①和支援农村生产支出与农村水利气象等部门的事业费等三项财政支农支出对农林牧渔业总产值的边际产出效应。徐晋涛等（2004）对西部三省（陕西、甘肃和四川）退耕还林地区的 360 户农户进行调查，运用 DID 模型对退耕还林工程中农户的收入、结构调整效应以及在经济上的可持续性进行了评估。周黎安等（2005）基于我国 7 省 591 个县（市）1999～2002 年的相关社会经济数据，运用 DID 模型对农村税费改革对农民收入增长的效果进行了评价。张兵等（2009）基于江苏省苏北地区 482 户农户政策前后的面板数据，运用 DID 模型评价了对加强一般农民专业合作组织与农民用水者协会（WUA）相互配合对农民增收绩效的影响。薛凤蕊（2010）基于内蒙古自治区鄂尔多斯市 107 户农户 2005 年和 2009 年的数据，使用 DID 模型评价土地规模经营（土地流转和土地合作社）前后的参与农户和未参与农户收益的影响效果。Júdez 等（2001）以西班牙农场的调查数据为依据，应用 PMP 模型评价农业补偿性补贴措施和农业保险措施对农户收入的影响。王姣等（2006）基于河北、河南和山东 3 省 5 个县 340 户农户的调查数据，运用 PMP 方法对中国粮食直接补贴政策的 3 种补贴形式（按计税面积、播种面积和商品粮数量补贴形式）在不同补贴标准下对粮食作物产量和农户收入的影响进行定量评价。

（2）社会影响评价。国内部分学者运用 DID 模型分别评价了新型农村合作医疗制度对医疗价格、农民健康和农民卫生服务利用等的影响（孟德锋等，2009；封进等，2010；吴联灿、申曙光，2010）。周曙东（2001）运用江苏省农业政策分析模型，模拟大宗农产品的关税配额进口对农业产业结构调整、耕地利用率、农产品自给率和社会就业等社会指标的影响。Ahmadvand 和 Karami（2009）通过 PRA 方式评价伊朗 Gareh－Bygone 平原泄洪项目的社会影响，发现该项目可以促进社区资源的保护和提高人民生活质量。李丁等（2004）通过 WSU－PRA（水土资源利用的农村参与式评估）方法，评价了干旱区灌溉农田退耕还林政策的实施对土地资源利用、水资源利用和地下水开采的影响。洪家宜等（2002）通过开会讨论、个别走访和问卷调查等方法构建指标体系，评价天保工程和退耕还林工程的社会影响，包括对土地利用结构、产业结构调整、社会就业

---

① 农业科技三项费用包括：各项农业科研的新产品试制费、中间试验费和重要科学研究补助费。

和社会财富的公平分配等都有很大影响。崔海兴等（2008）以河北省沽源县、北京市昌平区和河南省中牟县为例，利用已构建的退耕还林工程社会影响比较评价指标体系和社会影响比较评价模型合成了社会影响指数，从社会结构、经济发展、人口素质、生活质量、社会进步和社会综合影响6个方面比较分析了退耕还林工程的社会影响。

（3）环境影响评价。Brentrup等（2001）采用生命周期评价方法分析了三种养分配比不同的施肥方式下甘蔗生产对环境的影响。国内目前对政策和技术的环境影响评价主要集中在对农业贸易政策和土地利用规划所带来的环境影响。毛显强等（2005）借助转移矩阵方法评价我国农业贸易政策对环境的影响，具体以河北省迁安市小麦种植业为例，分析政策导致小麦改种替代物后农用化学品使用量和林地面积的变化。Liu（2010）借助ArcGIS方法从生态可持续分析角度对武汉市城市总体规划进行经济环境影响评价。冉圣宏等（2006）通过计算1996～2004年我国不同省市土地利用变化引起的生态服务功能变化对土地利用变化的环境影响，结果表明，生态服务功能中气候调节功能增加最快，生物资源控制功能下降最快。韦洪莲等（2001）在剖析西部开发政策产生的环境影响特征的基础上，提出净环境效益和环境友好度等度量指标对该政策进行环境影响评价，并探讨西部开发政策环境影响的控制方法。

3. 综合影响评价

Köenig等（2010）为了评价印度尼西亚雅加达市森林保护政策和耕地保护政策对当地可持续发展的影响，构建了三种土地利用情景并运用FoPIA预测不同情景对当地经济、社会和生态可能产生的影响。Paracchini等（2011）主张可以运用FoPIA方法评价土地政策对土地利用功能改变的影响，基于利益相关者的政策建议，进而对政策的综合影响进行评价。Köenig（2010）应用FoPIA对宁夏回族自治区固原市的生态林、水果经济林和生物能源林3种森林管理政策情景下土地利用的变化进行了经济、社会和环境可持续影响评价。张晓等（2010）基于层次分析法确定影响退耕还林（草）可持续性的生态、经济、人口和政策管理系统的4个一级指标20项因子的指标权重，进而对该项目进行综合评价。冯相昭等（2010）以结合多属性效用理论、问卷调查和Delphi法的MATA－CDM－China模型对中国清洁发展机制（CDM）项目进行社会、环境和经济综合影响评价。储诚山等（2008）基于模糊评价法也对CDM项目产生的社会、环境和经济影响进行了评价。

（二）政策与技术影响评价方法综述

现有研究中，对农业技术影响的评价方法主要还是源于政策科学的评价方法，常用的评价方法概括起来主要有一般计量分析法、现代数学模型分析法、系统工程法、非参估计法、专家或利益相关者评估法五类。

1. 一般计量分析法

Difference‐In‐Differences Model（DID），又称双重差分模型或者倍差法。基本思路是将随机抽取的样本分为两组，一组是政策对象（简称实验组），另一组是非政策对象（简称控制组），分别计算实验组和控制组在政策或项目实施前后同一指标的变化量，上述两个变化量的差值（倍差值）即反映实际的政策效果。DID方法优点是操作简单且逻辑清晰，但缺陷就是可能存在自选择问题，即是否参与项目或者受政策影响可能有内生性，这会直接影响参数的估计结果（张笑寒，2007）。解决方法是采用可以在很大程度上控制遗漏变量问题的非观测效应综列数据模型估计法进行估计，具体包括固定效应法（Fixed Effect）、一阶差分法（First‐Difference）和随机效应法（Random Effect）（易福金，2006）。DID最早属于自然实验评估方法，后来被国内外学者应用到经济学和政策学评估中（Gruber & Poterba，1994；Eissa，1995；Feldstein，1995）。

2. 现代数学模型分析法

（1）C‐D生产函数法。1967年，伊文逊将柯布—道格拉斯生产函数（简称C‐D生产函数）引入农业科学研究（曹建如，2007），此后，在估算农业科研成果或者农业科研投资的经济效果时通常采用C‐D生产函数的形式，把农业投资或者某项农业新科研成果的研制费用作为解释变量代入生产方程，通过回归分析估算农业科研投资费用的边际收益和边际内部利润率。C‐D生产函数法主要是基于长期的时间序列数据或者面板数据展开的，对于区分包括科研成果在内的各种生产因素对农业生产的不同贡献是一种有用的方法，这种方法比较适合宏观的政策或者制度评价。其局限性是对数据有较高要求，在实际工作中，这些数据很难获得。

（2）数理规划。线性规划是解决多变量最优决策的方法，在管理学中已得到广泛运用。但是利用线性规划模型对政策评价效果的不足是模型得出的基期最优结果与实际观察值不一致，甚至影响政策效果评价结论的可靠性。如果通过增加一些生产行为的上限或者下限来标定模型，又会扭曲模型的分析结果（王姣、肖海峰，2006）。为解决这一问题，Howitt（1995）提出实证数学规划模型（Positive Mathematical Programming，PMP）。PMP本质还是线性规划法，其优点在于根据基期观察到的行为标定模型，保证模型的基期最优值与实际观察值一致，而且还使模型的应用不受基期标定条件的约束，具有较大的灵活性，同时，PMP模型符合经济学中边际收益递减的基本假设（Röhm & Dabbert，2003；Kanellopoulos et al.，2010）。

（3）模糊数学法。在工程技术和管理领域中有很多影响因素的性质和活动无法用数字来定量描述，往往它们的结果也是含糊不定，无法用单一的准则来评判。为解决这一问题，美国学者 Zadeh 提出模糊集合的概念，对模糊行为和活动建立模型，开启了用数学方法来研究和处理模糊性的事物和现象的先河（张建军，2007）。模糊数学评价法（Fuzzy Mathematics Method）根据模糊数学的隶属度理论把定性评价转化为定量评价，即用模糊数学对受到多种因素制约的事物或对象做出总体的评价（侯克复，1992）。模糊数学法的基本步骤总结如下：第一，建立模糊综合评价集合（包括评判对象及其评判因素）；第二，确定被评价事物相关各因素的隶属度；第三，确定各评价因素对评价对象的权重；第四，综合评价（对于多层次问题，先对低层次的因素进行综合，再对高一层次的因素进行综合）。模糊数学法的优点在于结果清晰，系统性强，能将比较复杂、不够确定的多因素问题转化为有数据依据的简单易行的评价模式。

3. 系统工程法

层次分析法（Analytic Hierarchy Process，AHP）由美国运筹学家 Staay 教授于 20 世纪 70 年代中期提出，属于一种实用的多准则决策方法。层次分析法把一个复杂问题表示为有序的递阶层次的结构，通过人的思维判断对评价对象的优劣进行两两对比和排序，进而做出决策或评价（Deturck，1987；许树柏，1988；陈玉成、陈庭树，1995）。层次分析法的步骤总结如下：第一，建立层次结构模型；第二，构造成对比较矩阵；第三，计算权向量并做一致性检验；第四，计算组合权向量并做组合一致性检验。系统工程方法的优势是能够统一处理决策中的定性与定量因素，具有系统性、实用性和简洁性等优点。

4. 非参估计法

数据包络分析（Data Envelopment Analysis，DEA）是运筹学、管理科学和数理经济学交叉研究的领域，属于一种非参数的统计估计方法。DEA 最先由运筹学家 Charnes 等（1978）在相对效率评价概念基础上提出的。DEA 的主要思想是使用数学规划模型评价具有多投入和多产出的决策单元（DMU）间的相对有效性，本质上是判断 DMU 是否位于生产可能集的"前沿面"上（Seiford，1996；魏权龄，2000）。DEA 在实际使用操作中有较多优势：DEA 方法并不直接对数据进行综合，所以无须对决策单元的最优效率指标、投入和产出指标值进行无量纲化处理；不需权重假设，根据决策单元输入输出的实际数据求得最优权重，排除主观因素，具有较强的客观性（屈迪，2011）。DEA 的出现和发展，促进了效率评价理论进入广泛应用的阶段。

5. 专家或利益相关者评估法

（1）德尔菲法。德尔菲法（Delphi）是一种综合多名专家经验与主观判断的方法，在对所要预测的问题征得专家的意见后，进行整理、归纳和统计，然后匿名反馈给各专家，再次征求意见，再集中分析，再反馈，直至得到稳定的意见（刘东等，2004；张建军，2007）。德尔菲法的特点是能够充分让专家自由发表个人观点，让分析人员与专家的意见得到相互反馈，最后可以采用数理统计方法对专家的意见进行处理，使定性分析和定量分析有机结合起来。但是，难点在于选择代表性强的专家组，这也是德尔菲法成功应用的首要前提，要注意针对不同情况选择"精深化"或者"广泛化"专家组（Brown，1987；徐蔼婷，2006）。德尔菲调查法已经被广泛应用于技术预见、政府绩效评估领域中（孟晓华、崔志明，2005；袁志彬、任中保，2006；吴建南等，2009）。

（2）参与式评估法。

1）参与式农户评估方法。参与式农户评估方法（Participatory Rural Appraisal，PRA）是于 20 世纪 90 年代初发展起来并被迅速推广应用的一种农村社会调查研究方法。PRA 通过与研究地区居民进行非正式访谈以了解地方实际情况（Chambers，1994；徐建英等，2006），其研究工具包括直接观察法、半结构访谈、调查问卷、农事历、大事表、小型座谈会、知情人深入访谈、矩阵排序等 21 种（刘轩等，2003）。与一般调查研究方法相比，PRA 具有应用范围广、成本低、参与程度高、灵活性强等特点。

2）参与式影响评估框架。参与式影响评估框架（Framework for Participatory Impact Assessment，FoPIA）是一种新兴的参与式评价方法。FoPIA 目前主要应用在土地利用政策的评价中，希望在政策制定过程中吸纳利益相关者的意见，以期制定出更符合实际情况、能够满足更广泛利益群体的政策，属于一种事前评价。FoPIA 主要包含两个阶段：第一，使用半结构式访谈与备选的利益相关者单独交流；第二，把所有被选中的利益相关者聚合到一起，进行集体讨论，在集体讨论中也会分若干小步骤（Morris et al.，2011）。FoPIA 的特点在于能够在政策出台前的制定过程中融合政府工作人员、学者、普通居民和农民等不同层次的利益相关者的意见，提高政策制定的民主性和透明度，增强政策的实用性和针对性，但是难点在于把握利益相关者选择的代表性，而且组织成本较高。

三、测土配方施肥技术相关研究进展

（一）现阶段测土配方施肥技术相关的研究进展

测土配方施肥工作的历史发展可以追溯到 20 世纪 30 年代末德国米切里希的

工作（黄德明，2003）。纵观测土配方施肥技术在我国的发展和应用，奠基性工作始于 1979～1989 年历时 10 年的全国第二次土壤普查。90 年代各种形式的测土配方施肥工作在全国广大地区推行，多年来农业科学家与土壤肥料工作人员在测土配方施肥方面的研究日益增多，研究工作主要集中在基于 GIS 平台研发测土配肥方案决策系统（Heermann et al.，2002；Whipker & Akridge，2007；盛建东、李荣，2002；夏波等，2007；唐秀美等，2008；李贤胜等，2008）以及对该技术影响的评价。其中，对测土配方施肥技术影响评价主要是基于田间试验结果，通常做法是对比常规施肥和测土配方施肥等不同处理下的作物生物性状、产量以及肥料利用率等（谭金芳等，2003；周晓舟、唐创业，2008；王淑珍等，2008；张家宏等，2008；王坤等，2009；胡思彬、潘大桥，2009；侯云鹏等，2010；黄国斌、李家贵，2010）。国内基于经济统计工具评价测土配方施肥技术效果的研究并不多，目前只有张成玉等人的两个代表作，一是通过 PMP 模型分析种植水稻和小麦的农户采用测土配方施肥技术的经济效益（张成玉等，2009）；二是构建线性的单产函数，研究采用测土配方施肥技术农户与未采用农户相比氮、磷和钾养分对水稻、小麦和玉米边际产出差异（张成玉、肖海峰，2009）。

（二）适地养分管理技术相关的研究进展

适地养分管理技术属于精准化、升级版的测土配方施肥技术，其优势在于可以根据作物长势精准把握基肥和追肥量（Dobermann & Cassman，1996；Peng et al.，1996）。适地养分管理技术是 20 世纪 90 年代中期由国际水稻研究所（International Rice Research Institute，IRRI）为了控制水稻肥料施用量过多并危害作物生长，提高氮肥利用率而研发出来的（李伟波等，1997；崔玉婷等，2000；范立春等，2005），所以至今适地养分管理还暂时应用在水稻作物上。对适地养分管理技术研究的问题并不是特别多，主要集中在通过田间试验评价适地养分管理技术对水稻产量、肥料利用和经济效益等方面的影响。Dobermann 等（2002）对亚洲 8 个水稻主产区的 179 个样本点进行持续 3 年（1997～1999 年）的田间试验，测试适地养分管理的增产增效效果。Pampolino 等（2007）基于在印度、菲律宾和越南进行适地养分管理技术的试验示范（2002～2003 年）和与当地农民进行焦点小组讨论（Focus Group Discussion，FGD），结果显示，适地养分管理在三个研究区域均表现出增加水稻产量、提高氮肥利用率和减少氮素流失的效果。Wang 等（2007）基于浙江省连续 7 年（1998～2004 年）的田间试验数据评估了适地养分管理的经济和环境效果。国内研究者对适地养分管理技术的研究主要也集中在其对水稻产量和氮肥利用率的影响，研究方法基本都是田间试验。研究结果均表示，相比常规施肥，适地养分管理技术能够提高稻谷产量，节省氮肥施用量，显著提高氮肥利用率（王光火等，2003；钟旭华等，2006；黄农荣等，2006；刘立军等，2006）。也有学者从水稻生长发育和养分吸收特性的作用机理角度，探讨适地养分管理能够提高作物产量的原因及养分吸收规律（刘立军等，2007，2009）。

四、农业面源污染防控政策研究综述

由于农业面源污染具有分散性、隐蔽性、随机性、不易监测和难以量化等特征，使得对其研究和管制具有较大的难度，即使在发达国家，与点源污染控制的政策措施研究相比，面源污染问题研究还是相当有限和薄弱的（OECD，1991；张宏艳，2006）。因为农户农业生产行为具有外部性，在没有外部政策干预的情况下，生产决策中的私人成本必然会偏离社会总成本，农业生产者按照自身利益最大化确定的最优产量偏离社会福利最大化时的最优产量，导致资源过度消耗和污染环境产品过度产出，从而使社会资源配置扭曲，为此需要设计相应的污染防控政策（熊冬洋，2012）。下面对国内外农业面源污染防控政策进行梳理和分析，对我国农业面源污染防控政策的深化和完善具有一定的参考价值。

（一）命令控制政策

命令控制政策主要是指国家通过法律手段或者采取行政命令、标准和规定等行政管理手段来管制排污者的环境行为，规定生产者按指定的方式进行生产经营，不遵守法规或标准的生产者将受到处罚，属于一种强制性、非自愿参与的政策工具（沈文杰，2010）。命令控制政策的特点在于针对性强、有严格的处罚措施，但是要求政府具有较强的执行能力，如果管制的对象非常明确，且具有较高的同质性（可以降低监督成本），这种措施就是一种有效率的能够改善环境质量的政策工具。1998年，荷兰开始利用MINAS（Mineral Accounting System）系统控制化肥使用，该系统实质是养分流失标准，控制对象是N、P等养分的剩余（或流失），而不是投入量（Ondersteijn et al.，2002；金书秦等，2009）。MINAS的惩罚措施是向超出标准的农场主征税。在这个系统下，每个农场主的化肥投入和产出情况都被记录下来，若养分剩余在规定标准之内，则无须缴税，否则需要缴纳比较高的税，随着养分剩余的标准越来越严格，超出标准的惩罚税率也越来越高。不过后来由于其高昂的执行成本（尤其是检测成本）以及对环境质量贡献的不确定性，该政策于2006年1月被废除。

命令控制政策的优点表现为政策执行的可监督性和效果的确定性（Rousseau，2005）。也正是由于这一优点，命令控制手段在政策选择中至今仍然占据主导地位，市场化工具的应用通常只是作为直接管制方法的补充（OECD，1996）。而命令控制政策的缺点主要表现为三点：首先，政策缺乏弹性，对所有的生产者采取统一的标准，生产者不能根据自己的成本核算自由决定参与程度；其次，交易成本非常高，命令控制政策的实施需要有效的监管和执法措施，造成非常高的直接成本和间接成本（沈文杰，2010）；最后，"一刀切"的标准本身的制定并不科学。如环保部制定的"畜禽饲养业污染物排放标准"主要是面对大型规模养殖户而制定的，但是太湖流域的养殖企业则以中小型规模养殖为主，所以该标准的适用范围并不能覆盖大部分的污染来源（闫丽珍等，2010）。

（二）经济激励政策

经济激励政策又称市场政策或者经济手段，应用于生态危机和环境污染防控的经济激励政策的目的是鼓励生产者保护生态环境，同时提高环境保护者的积极性，也就是所谓的生态补偿（Payment for Environmental Services，PES）。与命令控制政策相比，经济激励政策具有以下两个优点（张宏艳，2006；沈文杰，2010）：第一，形式比较灵活，可以提供多种选择，有利于污染者采取适合自己情况的污染控制方法；第二，有助于鼓励生产者创新最低成本的技术。但是经济激励政策工具在设计时对信息的要求很高，执行起来需要较高的监测费用，对市场化程度的要求也比较高（沈文杰，2010）。经济激励政策包括税费政策、补贴政策、排污权交易政策和押金—退款政策等形式。

1. 税费政策

在欧美国家，为了使农业生产者承担其产生的农业环境污染外部成本，政府按照外部成本内部化和"谁污染谁负责"的生态补偿原则，对化肥、农药等农业投入品开征了环境税费，对抑制农业面源污染的负外部性发挥了积极作用（熊冬洋，2012）。1986年，匈牙利开始实施化肥税，最初税率为N肥0.25欧元/千克、P肥0.15欧元/千克，而且税率逐年增长。化肥税实施以来，匈牙利的肥料施用量以3%左右的速度逐年下降（Dowd et al.，2008）。1988年，挪威开始实行化肥税征收政策，征收相当于化肥价格8%的税收，1991年又提高到20%，但是后来被认为对化肥使用行为影响效果不明显，而且会对挪威的农业出口贸易产生较大的负面影响，所以该项政策在2000年被废止（Vatn et al.，2002）。丹麦1998年也引入氮肥税，对于任何氮含量超过2%的肥料征收0.67欧元/千克的氮肥税（金书秦等，2009）。Hayami等（1985）的研究表明，针对投入的经济激励政策较其他经济政策而言，政策效果往往更具持久性，因为农户会持续减少价格高的投入并增加便宜的投入。

2. 补贴政策

补贴政策主要是针对能够产生正的外部性的生产活动，秉承"谁保护谁受偿"的原则，如重要的水资源环境保护区内的退耕还林还草、构建人工湿地与氧化塘、实施生态农业或有机农业、建立农村废水与垃圾处理场以及畜禽粪便处理加工厂等。德国萨克森州对环境友好型农业也制定了优惠补贴政策：农民选择可以减少20%~50%氮肥用量的生态农业模式或综合农业模式，每公顷可得到80~1500马克的补贴，这笔资助主要用于进行土壤矿质氮的分析，补贴因为少用或者不用农药选择替代技术和环境友好型轮作类型所耗费的劳动力（张维理等，2004；李慧，2011）。美国使用最佳管理实践（Best Management Practices，BMPs）控制面源污染是比较成功的补贴案例。BMPs指任何能够减少或者预防水污染的方法、措施和操作程序（Dowd et al.，2008）。BMPs主要通过环境质量激励项目（Environmental Quality Incentives Program，EQIP）和保护管理项目（Conservation Stewardship Program，CStP）两类项目实施。EQIP为生产者实现提高农产品产量和环境质量的双重目标提供资金和技术方面的支持；CStP主要补贴农业生产者由于环境保护行为而额外支出的费用，补贴标准根据保护行为的额外成本、农民损失和生态环境效益确定（王欧、金书秦，2012）。根据美国联邦环境保护署的统计，美国境内已经有339条河流取得了面源污染治理方面的成就，河流水质得到了很大的改善（EPA，2011）。

3. 排污权交易政策

排污权交易是在满足环境目标的前提下，建立合法的污染物排放权即排污许可，并允许这种权利像商品一样被自由交易，以此来进行污染物的排放控制，排污权交易的本质是通过模拟市场来建立排污权交易市场，交易主体是污染者，交易客体是剩余的排放许可（Tietenberg，1985；程颖，2008）。由于农业面源污染的隐蔽性和难以检测性，排污权交易在农业面源污染防控的应用目前比较少见，尤其是农业面源与面源之间的交易更是鲜少听闻。但是面源和点源之间的排污交易却存在成功案例。1984年，美国科罗拉多州为了控制磷污染负荷，在Dillon水库流域进行了点源与面源营养物的交易，允许流域内的4家公共污水处理厂投资控制城市面源的磷污染负荷，以此换取自身磷的排放许可（杨展里，2001；张亚玲，2002）。这是美国第一个营养物交易案例，也是至今最成功的点源与面源的交易。到1990年，公共污水处理厂通过提高运行效率大大降低了磷的排放量，而且远远小于年允许排放量（杨展里，2001；张亚玲，2002）。这种交易方式将管理部门的管理与交易成本转移给了污染者，而且控制点源污染要比控制像农业这类的非点源污染容易，政治风险较小。

4. 押金—退款政策

押金—退款政策的主要做法是潜在污染性产品的购买者需预先支付一笔额外费用（押金），当污染性产品回到储存、处理或循环利用地点时再退还这笔额外费用。因为农村基础设施薄弱，包装塑料、废电池和农药容器等生产、生活垃圾较多，押金—退款措施对减少农业废弃物可起到事半功倍的效果（支海宇，2007）。在 OECD 国家，押金—退款制度的使用非常广泛。押金—退款政策是一种典型的税费政策和补贴政策相结合的政策，有利于提高资源的循环利用率，防止污染物质进入环境，提高公民的自觉环保意识（沈文杰，2010）。而且，该政策的管理费用也相对较低，因此被认为是一项极有发展前景的环境经济手段。

（三）其他政策

1. 自愿参与政策

从 20 世纪 90 年代以来涌现了大量以教育和技术援助为主，向生产者提供有关新技术的信息，增强其环保意识，鼓励公民自愿合作参与的环境政策工具。自愿参与政策指的是一类能够诱导农户自愿采纳环境友好型生产、生活行为，或自愿参与环境改善项目的政策工具，该政策是被称为建立在"胡萝卜"基础上的政策工具（Segerson & Wu，2006；沈文杰，2010）。目前，美国和欧盟在农业面源污染治理实践中普遍采用该方法，前面提到的美国 BMPs 体系除了工程措施之外，也有针对农民的培训和教育使其自愿采纳环境保护的辅助措施，让农民意识到自己为农业生产的原材料付过费，浪费越多则意味着损失越大，以此激励他们想方设法提高化肥、农药等农用物资的使用效率，从而将保护环境的行为内化到其追求经济效益的行动中去（王欧、金书秦，2012）。与其他政策相比，自愿参与政策具有如下优点（沈文杰，2010；葛继红，2011）：第一，执行过程中的交易成本比较低；第二，一般通过教育和技术推广进行，能够顺带帮助农民克服一些技术性限制，达到双赢的效果；第三，敦促政府与污染者履行其职责、兼顾多方利益、相互监督，有利于防止污染者和政府只追求自身短期经济利益的行为。但是自愿参与政策也有缺点，政策效果往往不够稳定、单独运用的效果并不好，一般需要配合其他政策共同实施。

2. 集体监督政策

因为独立个体对农业面源污染治理的贡献程度难以辨别，所以大量文献尝试从集体行动的视角探索农业面源污染的防控政策（Meran & Schwalbe，1987；Xepapadeas，1991；Bystrom & Bromley，1998）。集体监督政策的中心思想是：仅观察排水处的污染情况，如果污染超标，就要对集体进行惩罚，使所有经济个体对整个集体的经济活动所产生的环境污染负有责任，通过集体监督的制度安排解决农业面源污染治理中存在的道德风险问题（杨增旭，2011）。但是基于集体监督的农业面源污染防控政策要求政策制定者需要掌握多方利益相关者的信息，而且生产者个体还需要确定自身控制污染的成本函数等，所以，该政策尽管在理论上是有效手段，但在实践中并没有得以应用。

五、简要评述

本章主要从化肥施用与农业面源污染关系、政策与技术影响评价、测土配方施肥技术的研究现状以及农业面源污染防控政策等方面的相关文献进行了回顾和梳理，发现已有文献对测土配方施肥的研究稍微丰富，但是研究内容主要集中在基于 GIS 平台研发测土配方施肥方案的决策系统以及通过田间试验方法研究测土配方施肥技术对作物生物性状、产量以及肥料利用率等方面的影响，很少从技术推广的利益相关者如地方政府和农户的层面进行研究。尤其是农户，作为农业生产的主体、测土配方施肥技术的接受者和应用者，其在从事农业生产活动的过程中受到多种因素的影响，与科学实验所要求的条件可能有很大的差异，却很少研究从农户层面展开与该技术相关的实证研究。目前，针对农户对测土配方施肥技术采纳意愿的实证研究较少，对农户采用测土配方施肥技术的经济效果评价的实证研究也不多，而对其环境效应的实证研究几乎还是空白。

因此，本研究借鉴国内外各种政策与技术评价方法，首先，从区域层面利用社会经济统计数据评价测土配方施肥技术的环境和经济影响；其次，基于实地农户调研数据从农户层面分析影响农户采纳测土配方施肥技术的因素，进而分析农户采纳技术的环境影响（化肥投入强度）和经济影响（土地产出率）；最后，考虑到与欧美发达国家相比，中国农业面源污染治理政策研究起步较晚，可供解决农业面源污染的政策选择比较缺乏。本研究借鉴国内外农业面源污染防控政策经验，设计了几种有利于推广环境友好型技术的农业与环境政策情景，包括教育培训、征收化肥税、价格政策和补贴等，模拟各种政策情景对农户土地利用决策（种植结构选择和环境友好型技术选择）的影响，评价不同土地利用决策产生的经济、社会和环境影响，以期通过激励环境友好型技术的推广，引导农户合理施肥，做到真正从源头遏制农业面源污染，确保太湖流域可持续发展，同时为其他相似地区提供一定的借鉴参考。

第三章 概念界定与理论基础

本章是本研究的理论基础，主要包括三部分：首先为了避免产生概念理解上的偏差，有必要对一些重要名词或者概念进行界定；其次对重点研究对象——测土配方施肥技术进行详细介绍，包括技术原理和实施步骤；最后梳理研究过程中可能需要借鉴的相关理论支撑，从而保证研究内容做到有理可依。

一、相关概念界定

（一）水体富营养化

水体富营养化（Eutrophication）是在人类活动的影响下，氮、磷等营养元素大量进入湖泊、河口等缓流水体，引起藻类及其他浮游生物快速繁殖，水体溶解氧下降，水质恶化，造成鱼类及其他生物大量死亡的现象。富营养化可分为天然富营养化和人为富营养化。在自然条件下，湖泊等水体随着沉积物不断增多，也会从贫营养状态过渡到富营养状态，不过过程非常缓慢，一般需要几千年甚至上万年。然而，人为排放含营养物质的工业废水和生活污水所引起的水体富营养化现象，可以在短时期内出现。水体出现富营养化现象时，浮游生物会大量繁殖，水面往往呈现蓝色、红色、棕色、乳白色等，根据当时占优势的浮游生物的颜色而异。这种现象在江河湖泊中称为水华，在海中则叫作赤潮（陈水勇等，2005）。

（二）面源污染

面源污染或非点源污染（Diffused Pollution）是相对于工业点源污染而言的。美国联邦《水污染控制法》（1977）对面源污染的定义为，凡是向环境排放污染物是个不连续的分散过程，而又不能用一般常规处理方法获得改善的排放源，即称为非点源污染或者散在污染，包括农业施肥和施用农药以及大气沉降、野生动物排泄物、林场和牧场等。按照美国《清洁水法》修正案（1979）所作的解释：面源污染物是以广域的、分散的、微量的形式进入地表及地下水体的。而Novotny和Olem（1993）与陈吉宁等（2004）则认为，面源污染是指溶解的和固体的污染物从非特定的地点，在降水（或融雪）冲刷作用下，通过径流（Runoff）过程而汇入受纳水体（包括河流、湖泊、水库和海湾等）并引起水体的富营养化或其他形式的污染。根据面源污染发生区域和过程的特点，一般将其分为城市面源污染和农业面源污染两大类。

（三）农业面源污染

农业面源污染（Agricultural Non – Point Source Pollution，ANPSP）是指在农业生产活动中，农田中的泥沙、营养盐、农药及其他污染物，在降水或灌溉过程中，通过农田地表径流、农田排水和地下渗漏，进入水体而形成的面源污染。这些污染物主要来源于农业生产活动中的氮素和磷素等营养物、农药、畜禽及水产养殖以及其他有机或无机污染物。农业面源污染是最重要而且分布最广泛的面源污染（郑涛，2005）。

（四）环境友好型技术

环境友好的概念是在1992年联合国里约环发大会通过的《21世纪议程》中提出来的。环境友好的内涵是以环境承载力为基础，以遵循自然规律为准则，以绿色科技为动力，倡导环境文化和生态文明，构建经济、社会和环境协调发展的社会体系，实现可持续发展；其核心是从发展观念、消费理念和社会经济政策的环境友好型，也就是从最根本的源头预防污染产生和生态破坏（王金南等，2006）。环境友好的概念是动态的和分层次的。环境友好型技术就是基于环境友好理念衍生的施肥技术，是环境友好型社会的组成成分之一，主要是指有利于环境保护的施肥技术。

二、测土配方施肥技术介绍

测土配方施肥技术（Formula Fertilization by Soil Testing Technology），是基于土壤测试和肥料田间试验，根据作物的需肥规律、土壤供肥性能以及肥料效应，同时在合理施用有机肥料的基础上，提出氮、磷、钾以及中、微量元素等肥料的施用数量、施肥时期和施用方法。其核心是调节和解决作物需肥与土壤供肥之间的矛盾，同时有针对性地补充作物所需要的营养元素，做到作物缺什么元素就补充什么元素，需要多少补多少，实现各种养分的平衡供应，满足作物的需要，达到提高肥料利用率和减少用量、提高作物产量、节支增收的目的（李昌健、栗铁申，2005）。

（一）技术原理介绍

测土配方施肥是以养分归还（补偿）学说、最小养分定律、同等重要定律、不可代替定律、肥料效应报酬递减定律和因子综合作用定律等为理论依据，以确定最佳养分的施肥总量和配比为主要内容（李昌健、栗铁申，2005）。

1. 养分归还学说

作物产量的形成中有40%～80%的养分来源于土壤，但是不能把土壤看作用之不竭、取之不尽的养分库。为了保证土壤能够有足够的养分供应量和强度，必须通过施肥来实现土壤养分输出与输入量的平衡。施肥可以把作物吸收的养分"归还"给土壤，确保土壤肥力的可持续性。

2. 最小养分定律

虽然作物生长发育过程中需要吸收各种养分，但是影响作物生长、限制作物产量的最关键因素却是土壤中相对含量最小的养分因子，也就是最小养分。如果最小养分因子没有得到提高，即使继续增加其他养分，作物产量也难以提高。经济合理的施肥方案就是将作物所缺的各种养分同时按作物所需比例相应提高，作物才能获得高产。

3. 同等重要定律

对农作物而言，无论大量元素还是微量元素，都是同样重要、缺一不可的，也就是说，如果缺少某一种微量元素，尽管作物对其需求量很少，仍然会影响其某种生理功能而导致减产，所以不能因为需要量少而忽略。

4. 不可代替定律

作物所需要的各营养元素，在其内都有其特定的功效，养分相互之间是不能替代的。作物缺少什么营养元素，就必须补充施用含有该元素的肥料。

5. 肥料效应报酬递减定律

从面积固定土地上所得的报酬，会随着向该土地投入的劳动和资本的增大而有所增加，但当达到一定水平后，继续增加单位劳动和资本量的投入，边际产出反而会逐步减少。化肥也是如此，当施肥量超过一定水平时，作物产量与化肥施肥量之间的关系就会呈抛物线模式，单位施肥量的边际产出会出现递减趋势。

6. 因子综合作用定律

作物产量的高低是受到作物生长和发育等诸多因子综合作用的结果，但其中必定有一个起主导作用的限制因子，产量在一定程度上受该限制因子的制约。为了充分发挥肥料的增产效果和提高肥料的经济效益，必须重视各种养分之间的配合作用，而且，施肥措施须与其他农业技术措施密切配合，才能充分发挥生产体系的综合功能。

（二）技术实施步骤介绍

测土配方施肥技术涉及面比较广，是一项系统工程。整个实施过程需要农业教育、科研、技术推广部门以及广大农民相结合，配方肥料的研制、销售和应用相结合，现代先进技术与传统实践经验相结合，具有明显的系列化操作和产业化服务的特点。测土配方施肥主要围绕"测土、配方、配肥、供肥、施肥指导"五个环节开展以下 9 项工作，具体技术路线如图 3 - 1 所示：

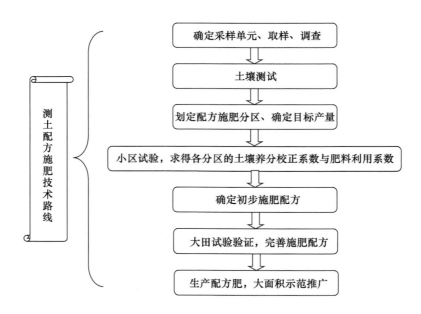

图 3 - 1 测土配方施肥技术路线图

资料来源：李江林. 浅谈测土配方施肥技术 ［EB/OL］. http://www.doc88.com/p - 295946927451.html.

1. 土壤测试

测土是制定肥料配方的首要依据。按照《测土配方施肥技术规范（试行）》（以下简称《规范（试行）》）要求，项目县在平均每 100 ~ 200 亩耕地需要采集 1

个土样（各地可根据实际情况进行相应调整，丘陵山区 30～80 亩、平原地区 100～500 亩采集 1 个土样）。同时选择有代表性的采样点，对测土配方施肥技术的效果进行跟踪调查。在测土的基础上，根据需要开展植株和水样品分析，为制定配方提供基础数据。

2. 田间试验

按《规范（试行）》要求布置田间肥料效应的小区试验，摸清土壤养分校正系数、土壤养分供应量、作物需肥规律和肥料利用率等基本参数。建立不同施肥分区主要作物的氮、磷、钾肥效应模型，确定作物合理施肥品种和数量、基肥和追肥分配比例、最佳施肥时期和施肥方法，建立施肥指标体系，为配方设计和施肥指导提供依据。

3. 配方设计

组织相关专家，汇总分析土壤测试和田间试验的数据结果，根据气候、土壤类型、作物品种和耕作制度等差异性，合理划分施肥类型区。然后，审核测土配方施肥参数，建立施肥模型，分区域、分作物制定肥料配方。

4. 校正试验

为了保证肥料配方的精准性，减少配方肥大面积应用的风险，有必要在每个施肥分区单元，以当地主要作物及其主栽品种作为对象，设置测土配方施肥、农户习惯施肥和空白对照三个处理的校正试验，对比测土配方施肥的增产效果，检验和完善肥料配方，优化测土配方施肥技术参数。

5. 配肥加工

根据配肥方案，以各种单质或复混肥料为原料，配制配方肥。有两种配方方式：一是农民根据配方建议卡自行购买各种肥料，然后按比例配合施用；二是由配肥企业按配方加工成配方肥，农民直接购买施用。

6. 示范推广

针对项目区农户地块和作物种植具体情况，因地制宜制定测土配方施肥建议卡，由项目乡（镇）农技人员和村委会发放入户，并由户主签名确认。建立测土配方施肥示范区，树立样板，展示测土配方施肥技术效果，引导农民采纳测土配方施肥技术。

7. 宣传培训

一方面，加强对各级农技推广部门、肥料生产企业和经销商等有关技术人员的培训，逐步建立持证上岗制度；另一方面，通过广播、电视、报刊、明白纸和现场会等形式，加强宣传培训，提高农民的测土配方施肥意识，普及科学施肥技术知识。

8. 效果评价

通过对项目区施肥效益和土壤肥力的动态监测，并及时获得农民反馈的信息，对测土配方施肥的实际效果进行评价，从而不断完善管理、技术和服务体系。

9. 技术研发

重点开展田间试验、土壤养分测试、肥料配方、数据处理和专家咨询系统等方面的技术研发工作，不断升级和完善测土配方施肥技术系统。

三、理论基础

（一）外部性与市场失灵理论

自从马歇尔 1890 年在《经济学原理》中提出外部经济的概念，掀起了经济学家对市场的外部性（Externalities）问题的研究兴趣。尤其是 20 世纪 70 年代以来，由于城市化和环境污染等一系列社会问题不断加剧，学者们开始将外部性作为市场机制的一个缺陷来专门加以研究，形成了外部性理论（李洁，2008）。外部性产生于当私人成本与社会成本之间产生差异的情况下，外部性问题的涉及范围十分广泛。外部性的影响或作用并不能够通过市场的价格机制反映出来，而是妨碍市场机制的有效运作，有时甚至排斥市场（如公共产品）或者歪曲市场价格。这种非市场性的影响会阻碍市场机制有效地配置资源，即使在完全竞争条件下也不能使资源配置达到帕累托最优。因此，外部性是市场失灵的重要原因之一。当外部性产生的影响威胁到人们的生活和生产但市场又不能予以有效解决的时候，市场以外的力量（如政府出台管理政策）予以干预和纠正市场的这种缺陷就成为必不可少的手段。

公共资源具有稀缺性，清洁的环境难以成为市场上的交易商品，相对于社会需求而言，环境质量如水环境质量，已被人们看作是一种资源，而且是一种稀缺资源。化肥过量施用行为所引发的水体富营养化就是典型的外部性问题。施肥过量不仅加剧了水土资源供需的矛盾，危及人们的饮用水安全，还会引发农产品质量安全问题，对人们的生产和生活造成严重的影响。因此，政府应该发挥其应有的职能，通过制定合适的农业与环境政策，以激励农户采纳环境友好型技术，合理诱导农户的施肥行为，进而从源头遏制农业面源污染问题的发生，实现区域可持续发展。而如何设计相关的农业与环境政策以及对这些备择政策的效果进行事前模拟评价是本研究的重点内容之一。

（二）可持续发展理论

可持续发展（Sustainable Development）概念最先是 1972 年在斯德哥尔摩举行的联合国人类环境研讨会上正式讨论的。1987 年，世界环境与发展委员会（World Commission on Environment and Development，WCED）出版《我们共同的未来》（Our Common Future）报告，将可持续发展定义为："既能满足当代人的需要，又不对后代人满足其需要的能力构成危害的发展。"可持续发展具有以下三个基本原则：一是公平性原则，主要是指机会选择的平等性，包含代际公平、代内公平和人与自然的公平。二是可持续性原则，人类的经济和社会发展不能超越资源和环境的承载能力。人们需要根据可持续性的条件调整自己的生活方式，在生态可能的范围内确定自己的消耗标准。三是共同性原则，是指由于地球的整体性和相互依存性，某个国家不可能独立实现其本国的可持续发展，可持续发展是全球发展的总目标，需要全球的集体行动。可持续发展包括经济、社会和环境三个维度的可持续性。经济可持续性是指在经济上有利可图，只有经济上有利可图的技术、工程和项目才有可能得到推广，才有可能维持其可持续性；社会可持续性是指能够满足人类自身的需要，得到社会大众的认可；环境可持续性是指尽量减少对环境的损害甚至是对环境质量的改善作用，保护环境健康稳健发展。

目前，我国农业生产仍然处于"高投入、高消耗、高污染、低效益"的粗放式发展模式，这种粗放式农业生产方式在带来农业增产的同时也带来了一系列的资源环境问题，如大量化石资源消耗、土壤退化、环境污染、食品安全问题突出等，对我国粮食安全和农业可持续发展构成巨大威胁，因而发展环境友好型农业是我国现代农业可持续发展的必然选择。环境友好型农业技术作为环境友好型农业的重要组成部分，主要是从维护良好生态环境的角度出发，但这只是可持续发展的一个方面。所以，本研究认为基于可持续发展理论，从经济、社会和环境三方面共同考察环境友好型施肥技术，如测土配方施肥技术和适地养分管理技术的综合影响是非常必要的。尤其是在"三农"问题矛盾依然突出的背景下，探讨环境友好型技术的推广是否能够真正实现农民增收和保护农村生态环境的双赢是重要的课题。

（三）技术扩散理论

技术扩散（Technological Diffusion）也被称为创新扩散（Innovation Diffusion），Schumpeter（1912）认为技术扩散实质上是一种模仿行为，包括当某项可以大幅提高效率或者可以大幅降低成本的技术创新在少数企业里率先使用后，由于其良好的示范作用，众多的企业纷纷加入模仿者的行列，但随着模仿高潮的结束，技术创新的扩散过程趋于饱和，新技术最终会因落后而被淘汰（傅家骥，1998）。代表性的技术扩散模型有铃型扩散曲线和 S 型扩散曲线。

1. 铃型扩散曲线

技术扩散包括创新、传播渠道、时间及社会系统 4 个基本要素。技术扩散曲线是以时间为横坐标，以一定时间内的扩散规模（通常是采用者的数量或百分率）为纵坐标画出的曲线。如果把扩散规模看成是采用者的非累计数量或百分率，技术扩散曲线呈铃型可以划分成以下四个阶段：突破阶段、紧要阶段、自我推动阶段和浪峰减退阶段（见图 3 - 2（a））。曲线形成的原因是：在突破阶段，由于新技术刚被介绍给目标群体，带有不确定性和风险性，故技术扩散速度比较缓慢；在紧要阶段中，新技术的效果初步显现，一部分人开始尝试采用；在自我推动阶段，采用新技术从异常行为变为大势所趋，形成跟随浪潮；但随着新技术逐渐失去先进性，同时又有新技术诞生，原先的创新扩散浪峰就会减退。铃型的技术扩散曲线可以用于分析某项创新的扩散速度与范围，技术扩散速度表示某一创新由少数个别人的采用，逐步发展到社会系统中大众广泛采用的时间快慢，创新扩散速度一般具有前期慢、中期快、后期又慢的特点。技术扩散范围表示一定时间内该创新采用者的数量比率（许无惧，1989；郝建平，1998；汤锦如，2005）。

2. S 型扩散曲线

Mansfield（1961）通过对不同行业中 12 种技术扩散进行研究，创造性地将"传染学说"和逻辑斯谛增长曲线（Logistic Growth Curve）运用于技术扩散研究中，提出了著名的 S 型扩散模型。如果把扩散规模看成是一定时间内某项新技术采用者的累计数量或百分率，那么采纳新技术的使用者的累计数量随时间的变化会呈现出 S 形曲线变化（见图 3 - 2（b））。S 型扩散曲线形成的原因是，一项技术创新刚开始扩散时，多数人对它还不太熟悉，很少有人愿意承担风险去尝试，所以一开始扩散速度比较慢，采用数量也不多；当试验示范成功，试验效果又比较理想后，采用的人数就会逐渐增加，扩散速度加快，扩散曲线的斜率逐渐增大；当采用数量达到一定规模以后，新的创新成果出现，旧技术又会被新成果逐渐取代，扩散曲线的斜率逐渐变小，曲线也就变得逐渐平缓，直到维持一定的水平不再增加，这样便形成了 S 型曲线。

其实无论是铃型扩散理论，还是 S 型扩散理论，均证明了新技术的扩散速度都必须经历慢—快—慢的全过程，只是不同新技术在整个过程中时间跨度存在明显差异。测土配方施肥技术作为一种环境友好型新技术，同样符合技术扩散理论。目前，测土配方施肥技术扩散正处于紧要阶段向自我推动阶段过渡的重要阶段，为此，寻找影响农户采纳测土配方施肥技术的关键因素，探讨能够有效激励测土配方施肥技术采纳的政策方案对该技术的深入推广和规范实施具有重要意义。

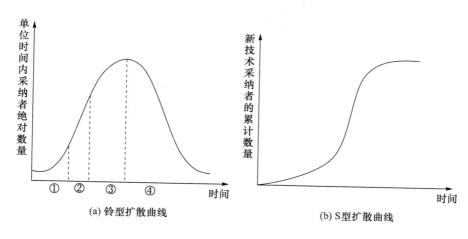

(a) 铃型扩散曲线　　　　　　　　　　(b) S型扩散曲线

图 3 - 2　技术扩散曲线图

注：①突破阶段；②紧要阶段；③自我推动阶段；④浪峰减退阶段。

（四）农户行为理论

农户行为指农户为了满足自身的需求，达到一定目标而表现出来的一系列经济活动过程和各种决策行为。广义的农户行为包括农户生产行为、农户消费行为、农户收入分配行为、农户劳动力配置行为等。关于农户行为的理论形成有三个主要学派：一是组织与生产学派，以 20 世纪 20 年代苏联的经济学家恰亚诺夫（Chayanov，1925）为代表，认为农户理性行为的表现是满足家庭消费和工作与闲暇之间的平衡，农户追求生产风险的最小化；二是理性小农学派，以 20 世纪 60 年代的美国经济学家舒尔茨（Schultz，1964）为代表，认为小农是理性的经济人，在满足一定的外部条件下，会合理使用和有效配置其现有的资源，农业生产以追求利润最大化为行为准则；三是历史学派，以 20 世纪 80 年代的黄宗智（美籍华人）为代表，针对 1949 年前中国农业发展的研究，提出农户的行为目标是追求效用最大化。

我们从狭义的角度理解农户行为，主要指农户的生产行为，即农户在生产经营活动中发生的劳动力配置与技术选择行为等。农户生产行为既取决于影响农户生产行为的各种微观和宏观经济因素，也取决于农户农业生产的经营目标。在各种影响因素趋于正常的条件下，农户生产的经营目标是影响农户生产性行为的直接推动力。由于市场化程度、农产品商品化率不断提高，农户不得不随着这些因素的变化，结合农业生产的经营目标，在保证生活自给的基础上调整农户内的各种资源及其配置，以追求利润最大化。

农户是农业生产的主体，是环境友好型农业技术如测土配方施肥技术的实际应用者，也是农业与环境政策的最终目标群体。从微观视角研究农户环境友好型技术的采纳决策行为，以及模拟农户对各种农业与环境政策的反应行为，为环境友好型技术的深入推广和规范实施奠定坚实的实证基础。

（五）环境库兹涅茨曲线假说理论

库兹涅茨曲线是由 20 世纪 50 年代诺贝尔奖获得者、经济学家库兹涅茨提出的，用于分析人均收入水平与分配公平程度之间关系的学说，研究表明，收入不均现象与经济增长存在先升后降的倒 U 型曲线关系①。后来库兹涅茨曲线被引入经济发展与环境污染之间的关系验证中，主要是通过人均收入与环境污染指标之间的关系模拟，说明经济发展对环境污染程度的影响。当一国家经济发展水平较低的时候，环境污染的程度较轻，随着人均收入的增加，环境污染由低趋高，环境恶化程度随经济的增长而加剧；当经济发展达到一定水平后，即到达某个临界点或拐点以后，随着人均收入的进一步增加，环境污染又由高趋低，环境污染程度逐渐减缓，环境质量逐渐得到改善，这种现象被称为环境库兹涅茨曲线（Environmental Kuznets Curve，EKC）（Grossman & Krueger，1995）。对这种关系的理论解释主要是围绕三方面展开：经济规模效应（Scale Effect）、经济结构效应（Structure Effect）和消除效应（Abatement Effect），其中消除效应又可以从环境服务需求和政府对环境污染的政策与规制两方面解释。

1. 经济规模效应

如 Grossman 和 Krueger（1995）所说，对于一个发展中的经济体，需要更多的资源投入，而产出的提高意味着废弃物和经济活动副产品的增加，如废气、废水和固体废弃物排放量的增长，从而使得环境的质量水平下降。规模效应是收入的单调递增函数。

2. 经济结构效应

Panayotou（1993）指出，当一国经济从以农耕为主向以工业为主转变时（工业化发展初期），环境污染的程度首先会加深，因为伴随着工业化的加快，资源被开发利用程度加大，资源消耗速率开始超过资源的再生速率，产生的废弃物数量大幅增加，从而使环境质量下降；而当经济发展到更高的水平，产业结构进一步升级，从能源密集型为主的重工业向服务业和技术密集型产业转型升级时

---

① 曲格平. 从"环境库兹涅茨曲线"说起［EB/OL］. http：//www. cenews. com. cn/historynews/06_07/200712/t20071229_ 31389. html.

（工业化后期），环境污染减少，这是结构变化对环境所产生的效应。结构效应实际上暗含着技术效应，因为产业结构的升级需要有技术的支持，而技术进步使得清洁技术替代了原先污染严重的技术，从而改善了环境质量。正是因为规模效应与技术效应二者之间的权衡，才使得在第一次产业结构升级时，环境污染加深，而在第二次产业结构升级时，环境污染减轻，从而使环境与经济发展的关系呈倒 U 型曲线。

3. 消除效应

从人们对环境服务的消费倾向看，在经济发展初期，对于那些正处于脱贫阶段或者经济起飞阶段的国家而言，人均收入水平较低，如何摆脱贫困和获得快速的经济增长才是关注的焦点，而且初期的环境污染程度也比较轻，人们对环境服务的需求较低，从而忽视了对环境的保护，导致环境状况开始恶化。此时的环境服务对人们来说是奢侈品。随着国民收入的提高，产业结构发生了变化，人们的消费结构也随之发生变化。此时，环境服务成为正常品，人们对环境质量的需求增加了，于是人们开始关注环境保护问题，环境恶化的现象逐步减缓乃至消失。从政府对环境所实施的政策和规制手段来看，在经济发展初期，由于国民收入低，政府的财政收入也有限，而且整个社会的环境意识还很薄弱，因此，政府对环境污染的控制力较差，环境受污染的状况随着经济的增长而恶化（由于上述规模效应与结构效应）。但是，当国民经济发展到一定水平后，随着政府财力的增强和管理能力的加强，以及一系列环境法规的出台与执行，环境污染的程度逐渐降低（Panayotou，2003）。

因为化肥过量施用会引发水体富营养化、土壤污染和气候变化等诸多环境问题，可以将其视为一种环境污染。根据环境库兹涅茨曲线假说，区域层面上的化肥施用量也可以从经济规模效应、经济结构效应和消除效应三方面进行分解，寻找化肥消费量与经济增长的关系，解释化肥过量施用的宏观机理。

四、本章小结

本章内容是为化肥污染问题和环境友好型技术推广评价所做的理论铺垫。在对水体富营养化、面源污染、农业面源污染和环境友好型技术进行概念界定的基础上，梳理了本研究过程中可能涉及的相关理论，包括外部性和市场失灵理论、可持续发展理论、技术扩散理论、农户行为理论和环境库兹涅茨曲线假说理论，用以指导以后章节的实证研究。

第四章 研究区域概况及样本选择

太湖流域是我国经济最发达、人口最密集的地区之一，区内农业投入和产出水平均居全国前列。近年来，太湖流域水环境质量每况愈下，尤其是水体富营养化现象严重，农业面源污染引发的水质型缺水和水环境恶化已成为太湖流域可持续发展面临的首要问题。本研究选择太湖流域作为研究区域，充分考虑到沿海沿湖发达地区环境问题的严重性和农业条件的相似性，对研究解决相对经济发达地区的农业面源污染问题有较强的指导意义。

一、研究区域概况

（一）太湖流域概况

太湖流域地处长江三角洲南缘，北临长江，南接钱塘江，东临东海，西接天目山、茅山等山区，地势西南高，东北低，四周略高，中间略低，形似碟子。流域总面积为3.69万平方千米，其中，平原占68%，河湖水面占17%，属于典型的平原河网地区。太湖流域位于中纬度地区，属湿润的北亚热带气候区，四季分明、雨量充沛，自然条件优越。太湖流域的中心——太湖，是我国第三大淡水湖，面积为2338千米，平均水深不到2米，属于浅水湖泊（秦伯强等，2004）。太湖不仅是全流域的水利中枢，具有蓄洪、供水、灌溉、航运、旅游等多方面功能，还是该流域的重要供水水源地，担负着无锡、苏州、锡山、吴江、长兴、宜兴、武进市（县）的城乡供水（张认连，2004）。

太湖流域行政区划包括江苏省无锡市、苏州市、常州市和镇江市等苏南城市，浙江省的嘉兴市、湖州市及杭州市一部分地区，上海市的大部分地区以及安徽省东北部的极小部分山区（见图4-1）。其中，江苏省占总面积的53%，浙江省占 33.4%，上海市占 13.5%，安徽省占 0.1% 左右。据统计，2009 年全流域人口为 5176 万人，约占全国总人口的 3.8%，国内生产总值（GDP）达 36364 亿元，约占全国的 11.0%，人均 GDP 为 7.0 万元，是全国人均 GDP 的 2.9 倍（张怡、勾鸿量，2011）。

太湖流域耕地经营的集约化水平很高，是我国传统的精耕细作地区，平均每人仅占有土地 1.68 亩，土地利用率达到很高程度，垦殖指数达到 48.6%，耕地、园地和精养鱼池等集约型农业用地约占 55%，耕地复种指数为 210%。流域内的耕地以水田为主，约占总耕地面积的 88%。其中，沿江沿海平原稳产高产的农田比重大；阳澄淀泖地区的水田由于位于太湖碟形洼地中心，易受涝渍危害，主要生产稻麦和油菜；杭嘉湖地区的水田，热量条件比较优越，以粮食生产为主，年亩产粮食达 800 千克以上；太湖以北水田的生产条件和基础都较好，长期以来是稻麦生产高产区；太湖以西水田的水土条件相对较差，以杂交稻和小麦为主的粮食生产，是杂交稻集中产区。

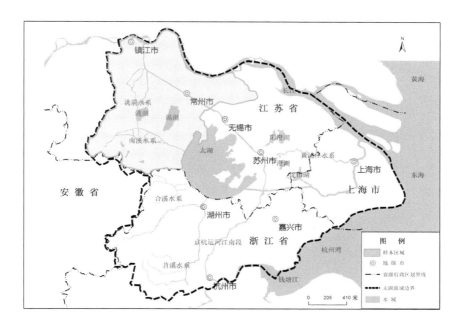

图 4-1 太湖流域地理位置图

资料来源：国家发展改革委员会. 太湖流域水环境综合治理总体方案〔R〕. 2008。

（二） 太湖流域农业面源污染概述

随着城市化和工业化水平的不断提升，水污染已成为太湖流域可持续发展面临的首要问题，其中，全湖富营养化是最突出的水环境问题，所以太湖被列为国务院指定重点治理的富营养化水域之一（石登荣、尤建军，2000；Qin et al.，2007）。20 世纪50~80 年代，太湖水体以 Ⅱ 类为主，营养状况以中营养和轻度富营养为主，水质较好，完全符合饮用水源地标准（毛新伟等，2009）。但从 80 年代后期，太湖北部的梅梁湾开始频繁暴发蓝藻水华（Chen et al.，2003），90 年代中期，太湖水质类别下降为以 Ⅲ 类水为主，Ⅳ、Ⅴ 类污染水域不断扩大，营养状况也上升了两个等级，以中度富营养为主，个别水域已达重富营养化（毛新伟等，2009）。到 2000 年，太湖水体的总体质量为 Ⅳ 类（林泽新，2002）。2010 年的《中国环境状况公报》表明，太湖水体总体为劣 Ⅴ 类，主要污染物为 TN 和 TP，农业是造成太湖水质恶化的重要原因（环保部，2011）。

（三） 太湖流域测土配方施肥技术实施情况

化肥过量施用引发的农业面源污染是制约太湖流域可持续发展的瓶颈，为此相关部门以推广测土配方施肥为抓手，大力推进太湖流域化肥减量施用。2005 年以来，太湖流域各农业县（市、区）（尤其是江苏省太湖流域）积极推行"统一测配、定向生产、连锁供应、指导服务"的运行机制和"五个一"技术服务模式（即县有一个耕地资源信息管理系统、乡（镇）有一幅施肥分区图、村有一张施肥推荐表、户有一份施肥建议卡、供肥网点一次供齐肥料），测土配方施肥实施范围和应用作物逐年扩大①。以太湖流域苏南 5 市为例，测土配方施肥补贴项目县由 2007 年的 18 个增加到 2009 年的 26 个，实现了所有农业县全覆盖。2007 年、2008 年和 2009 年测土配方施肥项目实施面积分别达到 820 万亩、1280 万亩和 1354 万亩。应用作物由粮食作物为主逐步拓展到蔬菜、茶叶、水果等多种经济作物，肥料施用由氮磷钾平衡为主向有机、无机肥合理配施发展②。

通过几年的努力，有关部门基本掌握了太湖流域主要土壤供肥性能、稻麦和油菜作物需肥规律和肥料利用率现状，初步建立了太湖流域主要土壤磷、钾元素

---

① 农业部测土配方施肥联席会议办公室．测土配方施肥专刊10 号（2010）——江苏省坚持有机、无机相结合，防控太湖流域面源污染［EB/OL］．http：//2010jiuban. agri. gov. cn/ztzl/ctpf/ctpf_ zk/t20100512_ 1484208. htm.

② 农业部种植业司．江苏减控太湖化肥面源污染［EB/OL］．http：//www. farmer. com. cn/wlb/nmrb/ nb7/201005100073. htm.

丰缺指标和主要农作物施肥指标体系。同时，以地级市和郊区县（市、区）农业部门为主体，对保护地蔬菜和露地蔬菜、茶叶、水蜜桃、葡萄等经济作物分别开展了氮、磷、钾不同用量试验、有机与无机肥配比试验，初步掌握了部分经济作物施肥结构、适宜施肥量和氮肥运筹技术。

二、样本选择

（一）基于区域层面影响评价的样本选择

1. 样本区域的确定

为了能够实现从宏观层面对测土配方施肥进行环境与经济影响评价以及检验效果的持续性，首先需要明确评价单元。因为测土配方施肥试点项目的推广单元是区、县和县级市，所以拟将评价单元确定在县和县级市层面。考虑到江苏省在太湖流域中占据最大面积比重（53%）以及数据的可获得性，初步确定把江苏省下辖 13 个地级市的 54 个辖区和 52 个县和县级市作为测土配方施肥项目影响宏观评价的样本。但是因为各个辖区的具体数据无法获得，所以在宏观评价中最终选择江苏省的 52 个县（市）作为样本评价单元。

2. 样本区域的概况

江苏省位于我国大陆东部沿海中心、长江下游，东濒黄海，东南与浙江和上海毗邻，西接安徽，北接山东，介于东经 116°18′~121°57′，北纬 30°45′~35°20′之间。江苏省际陆地边界线 3383 千米，面积 10.26 万平方千米，占全国的 1.06%，人均国土面积在全国各省区中最少。江苏地形地势低平，河湖较多，平原、水面所占比例较大，其中，平原面积 7 万平方千米，占全省面积的 70% 以上。气候属于温带向亚热带的过渡性气候，基本以淮河为界。各地平均气温介于 13℃~16℃。2011 年，江苏全省实现地区生产总值 48604.3 亿元，按可比价计算较上年增长 11.7%；人均地区生产总值 61649 元（按常住人口计算），比上年增加 8809 元；三次产业结构为 6.3：51.5：42.2。江苏省辖 13 个地级市，55 个市辖区、26 个县级市和 24 个县①。

---

① 2004~2008 年江苏省有 52 个县和县级市，所以本研究宏观评价中样本为 52 个。但是 2009 年南通市被撤县设区，变成南通市通州区，2010 年徐州市铜山县变成徐州市铜山区，故 2011 年江苏省只有 50 个县和县级市。

（二）基于农户层面影响评价的样本选择

1. 农户样本区域的确定

太湖流域湖泊星罗棋布，河网如织，入湖水系主要有苕溪和南溪水系，出湖水系主要包括黄浦江和连接长江与太湖的沿江水系。根据太湖位置将流域划分为上游和下游地区，太湖以西为上游地区，包括湖西区、浙西区和武澄锡虞区；太湖以东为下游地区，包括阳澄淀泖区、浦东浦西区和杭嘉湖区（见图4-2）。由于不同区位的城市对太湖水体质量的影响程度存在差异，本研究拟选择太湖流域上游的湖西区作为重点研究区域，原因有二：其一，太湖主要的补给水源来自西南部的苕溪和西部的南溪水系，约占总入湖水量的70%；其二，太湖水体污染物主要来自西北部（常州市）和北部地区（无锡市）（环保部，2001）。所以，本研究最终选定无锡市、宜兴市（离湖最近）、常州武进区、金坛市和溧阳市（离湖次远）以及镇江丹阳市（离湖最远）等地区作为样本抽取区域，研究农民的施肥行为对农业面源污染的影响（见图4-1相应标记部分）。虽然相比无锡市和常州市，镇江市离太湖的距离最远，并不是太湖污染物的主要贡献者，但考虑到离湖距离会影响当地水污染治理的任务与压力，进而使农户行为存在地区差异性，故也将镇江市锁定为微观评价的样本区域。

图4-2 太湖流域分区图

资料来源：水利部太湖流域管理局等，2008。

2. 农户样本区域的概况

无锡市地处江苏南部，北靠长江，南濒太湖；西离南京183千米，东距上海

128 千米，是江苏省省辖的一个沿海城市。全市总面积 4787.6 平方千米，其中山区和丘陵占总面积的 16.8%、水域占 22.82%。地形以平原为主，地势由中西向东缓缓倾斜。气候属亚热带季风海洋性气候，四季变化分明，气候温和湿润，耕作制度为一年两熟制。无锡市地表水丰富，其中太湖总面积 2250 平方千米。2011 年实现地区生产总值 6880.15 亿元，按可比价计算较上年增长 11.6%；人均地区生产总值 10.74 万元（按常住人口计算）；三次产业结构为 1.8∶54.2∶44.0。无锡市下辖 7 个区，2 个县级市。

常州市地处长江三角洲腹地，南为天目山余脉，西为茅山山脉，北为宁镇山脉尾部。全市总面积 4385 平方千米；地貌类型属高沙平原，山丘平圩兼有；地势西南略高，东北略低。气候属北亚热带季风性湿润气候区，气候温和湿润，年平均气温 16.4℃，耕作制度为一年两熟制。常州市土壤肥沃、河网密布、热量丰富、雨水充沛，适宜植物和动物的生长，同时还是国家商品粮基地之一。常州市 2011 年全市实现地区生产总值 3580.4 亿元，按可比价计算较上年增长 12.2%；人均地区生产总值 77473 元（按常住人口计算）；三次产业结构为 3.1∶54.5∶42.4。常州市下辖 5 个区，2 个县级市。

镇江市地处长江三角洲北翼中心，属于上海经济圈走廊。全市土地总面积 3847 平方千米，其中水域面积占总面积的 13.7%；地势南高北低，西高东低，以山地、丘陵和平原为主。气候属于亚热带季风气候，四季分明，年平均气温 15.5℃，耕作制度为一年两熟制。全市水资源以人工运河为主；生物资源较丰富。2011 年全市实现地区生产总值 2310.40 亿元，按可比价计算比上年增长 12.3%；人均地区生产总值 73974 元（按常住人口计算）；三次产业结构为 4.4∶55.1∶40.5。镇江市下辖 4 个区，3 个县级市。

3. 农户样本的选择

本研究所使用农户调查数据是笔者所在课题组于 2008 年 7 月对无锡、常州和镇江研究区域进行农户调查的结果。调查样本的选取综合应用了分层抽样和随机抽样两种方法，具体流程如下：

（1）制订预期样本收集计划。课题组预计在无锡、常州和镇江 3 市收集 320 份农户调查数据，需要选取 16 个样本镇，32 个样本村，每村收集 10 份调查问卷。

（2）确定样本地级市的样本乡镇总配额。根据不同区域对太湖流域污染贡献度的差异，确定沿湖区域的样本点权重为 60%，非沿湖区域的样本点权重为 40%。最终确定沿湖的样本镇数量为 10 个（16×60%=9.6），非沿湖的样本镇为 6 个（16×40%=6.4）。无锡两个地区共 34 个镇，其中，沿湖 19 个镇、非沿湖 15 个镇；常州三个地区共 55 个镇，其中，沿湖 21 个镇、非沿湖 34 个镇；镇江丹阳市共 13 个镇,其中,沿湖 7 个镇、非沿湖 6 个镇。所以,沿湖的乡镇总数为 47 个、非沿湖的乡镇总数为 55 个。最终确定无锡、常州、镇江 3 市的乡镇样本量分别为 6 个镇(4 个环湖、2 个非环湖)、7 个镇(4 个环湖、3 个非环湖)和 3 个镇(2 个环湖、1 个非环湖)。

(3)确定样本县级市的样本乡镇总配额。由于无锡市的江阴市与宜兴市离太湖的距离相近,但是耕地面积比约为 1∶3,故根据这个标准确定宜兴市的乡镇个数权重为 0.75,江阴市为 0.25;而常州市则根据各个区域到太湖的距离赋予权重,太湖距离武进市、金坛市和溧阳市分别为 30 千米、60 千米和 80 千米,故三者权重分别为 0.54、0.26 和 0.2;由于镇江市只选择了丹阳市,所以丹阳市的权重是 1.00。所以,无锡的江阴市和宜兴市的样本乡镇分别为 5 个和 1 个;常州的武进市、金坛市和溧阳市的样本乡镇分别为 4 个、2 个和 1 个;镇江的丹阳市 3 个。

(4)生成样本乡镇。运用随机抽样法,在 Excel 表里使用 Int(Rand() × number)公式在各样本县级市所有乡镇中随机生成 16 个样本乡镇。

(5)选择样本村。根据每个样本镇需要选取两个样本村的原则,先采用随机起点的方法确定一个村,然后按照该镇的总村数的一半为距离,选择第二个村。

(6)抽取样本农户。在每个样本村,依据户主花名册随机等间距抽取 10 个农户形成最终样本农户。

最终,本次调查一共在 16 个乡镇(其中沿湖 11 个、非沿湖 5 个),32 个村庄收集了 325 份有效问卷,样本农户分布情况如表 4-1 所示。

表 4-1 样本农户分布情况   单位:户

地级市	县级市	乡镇	样本村	样本农户数量
无锡市	宜兴市	徐舍镇*	万圩村、潘家坝	22
		周铁镇*	洋溪村、棠下村	19
		丁蜀镇*	双溪村、南湾村	18
		张渚镇	凤凰村、兴东村	22
		高塍镇	湖头村、徐家桥	23
	江阴市	月城镇*	月城村、下塘村	18
常州市	武进区	雪堰镇*	楼村、黄垫村	21
		前黄镇*	杨桥村、前进村	21
		礼嘉镇	震生村、园东村	23
		嘉泽镇	闵垫村、窑港村	22

续表

地级市	县级市	乡镇	样本村	样本农户数量
常州市	金坛市	儒林镇*	汤墅村、陈庄村	19
		指前镇*	建春村、芦溪村	21
	溧阳市	上兴镇*	练庄村、毛家村	17
镇江市	丹阳市	珥陵镇*	新庄村、扶城村	19
		访仙镇*	红光村、杨城村	20
		导墅镇	葛家村、留庄村	20
合计	6	16	32	325

注：*指沿湖的乡镇。

三、本章小结

　　本章首先介绍了太湖流域的经济地理概况、农业面源污染情况和测土配方施肥技术实施情况，然后详细交代了测土配方施肥技术区域评价和农户评价实证研究的样本选择过程，并介绍了样本区域的社会经济状况。其中，区域评价选择了占据太湖流域面积最大的江苏省作为样本区域，农户评价中选择太湖流域上游地区作为样本区域，并通过分层抽样和随机抽样方法选择农户样本，以保证实证研究的科学性、代表性和严谨性。

第五章　基于区域层面的测土配方施肥技术环境与经济影响评价

太湖流域集约型农业增长方式，如过量农药、化肥的投入造成太湖流域耕地污染负荷严重超标，水环境质量每况愈下，尤其是水体富营养化现象严重，农业面源污染引发的水质型缺水和水环境恶化已成为太湖流域可持续发展面临的首要问题。为解决这一难题，政府极力推广测土配方施肥技术，积极引导农户合理施肥，提高肥料利用率，减少肥料浪费，进而从源头遏制农业面源污染。但是目前对测土配方施肥技术的效果评价主要基于田间试验结果，利用社会经济数据并借助计量工具从县（市）层面评价该技术影响的研究并不多。因此，本章首先通过回顾测土配方施肥技术推广的政策进程，然后利用 DID 模型和测土配方施肥技术分批次（分年度）试点推广的特点构建本章的理论研究框架，并结合相关文献综述确定环境评价和经济评价的模型形式及变量选取，最后利用 2004～2006年江苏省 52 个县（市）相关的社会经济数据对上述模型进行实证检验，以此评价测土配方施肥技术在县（市）层面的环境和经济影响。

一、测土配方施肥技术推广进程的回顾

2005 年 4 月 9 日，为了促进粮食增产、农民增收、减少污染和提高农业综合生产能力，农业部发布了关于开展测土配方施肥春季行动的紧急通知（农发［2005］8 号），并投入 2 亿元建立测土配方施肥补贴专项，在全国 200 个县（市）开展第一批试点工作。项目县的选择综合考虑了粮食主产区、经济发达水平和工作基础等情况，具体条件如下①：第一，有一定的粮食种植规模，每年粮食播种面积不少于 60 万亩；第二，有测土配方施肥工作基础，包括健全的土壤

---

① 农业部办公厅. 2005 年测土配方施肥试点补贴资金项目实施方案［EB/OL］. http：//www. ahnw. gov. cn/2006nwkx/html/200508/%7B22D6C07A－C15D－43BD－8453－97E562A87AA7%7D. shtml.

肥料技术推广机构、能够承担常规分析化验的土肥化验室、有肥料试验示范基地和拥有较强的土肥技术力量；第三，有配方肥供应能力，初步建立了测—配—产—供运行机制，本地或周边地区有配方肥加工企业；第四，有实施测土配方施肥项目的积极性。项目县领导重视，组织得力，并有配套经费支持项目实施。整个测土配方施肥春季行动从 4 月初开始，4 月中旬至 5 月底为实施阶段，6 月上旬为总结检查阶段。随后，各省积极响应号召，展开测土配方施肥工作。截至2012 年，中央财政累计投入了资金 57 亿元，项目县（场、单位）达到 2498 个，基本覆盖所有农业县（场），实现了从无到有、由小到大、由试点到全覆盖的历史性跨越，测土配方施肥技术推广面积达到 12 亿亩以上，惠及了全国 2/3 的农户①。

　　2009 年之前，江苏省辖 13 个地级市、54 个市辖区、27 个县级市、25 个县。在 2005 年第一批全国 200 个县（市）启动的实施测土配方施肥试点补贴资金项目中，江苏省的丹阳市、海安县、如东县、仪征市和江都市等 12 个县（市、区）被列入试点。2006 年，江苏省部级试点项目又增加了睢宁县、铜山县和沛县等20 个县（市、区），同时，省财政在安排部级项目配套的基础上，又新建溧水县、句容市和江阴市等 16 个省级项目县（市）。2007 年，江苏省的部级测土配方施肥项目县（市）增至 60 个县（市），省级项目县（市）也增至 21 个（见表5 - 1）。2008 年，江苏省甚至全国率先实现所有农业县（市、区）项目全覆盖，这主要得益于相关部门对测土配方施肥工作的重视，先后被省政府列入农业农村重点工作、省农委为农民办 10 件实事之一，并作为科技入户的第一大技术加以推广，并积极探索测土配方施肥新型运行机制，初步形成了"统一测配、定向生产、连锁供应、指导服务"的运行机制。

表 5 - 1　江苏省测土配方施肥工作推广进程一览表

年份	测土配方施肥试点项目县（市、区、农场）推广进程	
	部级补贴项目	省级补贴项目
2005	南京市六合区、丹阳市、海安县、如东县、仪征市、江都市、兴化市、大丰市、阜宁县、洪泽县、赣榆县、宿迁市宿豫区 12 个县（市、区）	无

---

①　中央财政将安排转移支付资金 7 亿元支持测土配方施肥 ［EB/OL］. http：//www. cnr. cn/allnews/201205/t20120520_ 509656811. html.

年份	测土配方施肥试点项目县（市、区、农场）推广进程	
	部级补贴项目	省级补贴项目
2006	睢宁县、铜山县、沛县、启东市、通州市、如皋市、东海县、灌云县、淮安市楚州区、盱眙县、淮安市淮阴区、射阳县、东台市、盐城市盐都区、宝应县、高邮市、姜堰市、靖江市、泗阳县、沭阳县20个县（市、区）	溧水县、江阴市、宜兴市、新沂市、丰县、溧阳市、金坛市、常熟市、吴江市、太仓市、涟水县、响水县、滨海县、句容市、泗洪县等16个县（市）
2007	南京市江宁区、高淳县、溧水县、南京市浦口区、句容市、丹阳市丹徒区、金坛市、溧阳市、常州市武进区、江阴市、宜兴市、张家港市、常熟市、太仓市、昆山市、吴江市、海门市、泰兴市、扬州市邗江区、响水县、盐城市亭湖区、建湖县、金湖县、宿迁市宿城区、丰县、邳州市、徐州市贾汪区、灌南县和黄海与新洋农场（省属中心农场）29个县（市、区、农场）	新沂市、涟水县、滨海县、扬中市、泗洪县5个县（市）
2008	泗洪县、涟水县、新沂市、滨海县、扬中市、无锡市锡山区和惠山区、常州市新北区、苏州市吴中区和相城区、南京市栖霞区、镇江新区、东辛中心农场、淮安市清浦区、泰州市高港区和海陵区、连云港市海州区和新浦区18个县（市、区、农场）	南京市玄武区、白下区、秦淮区、建邺区、鼓楼区、下关区和雨花台区，徐州市鼓楼区、云龙区、九里区和泉山区，南通市崇川区和港闸区，扬州市广陵区和维扬区，镇江市润州区16个区

二、基于区域层面的测土配方施肥技术环境与经济影响评价：理论分析

（一）分析框架

鉴于数据的可获得性和综合考虑化肥施用量的不当是引发农业面源污染的主要原因之一，本章选用单位播种面积的化肥用量（折纯量）表征环境影响，种植业总产值表征经济影响。为了能够从区域层面对测土配方施肥技术的环境与经济效果进行系统而严格的实证检验，利用测土配方施肥技术在各县（市）分批

次（分年度）逐步推广的特征，借鉴计量经济学自然实验（Natural Experiment）和双重差分模型（Difference – In – Differences Model，DID）的方法，估计测土配方施肥技术对县（市）层面的单位播种面积化肥用量和种植业总产值的效果。在具体的环境与经济模型构建过程中，还需要应用环境库兹涅茨曲线模型（Environmental Kuznets Curve，EKC）、C – D 生产函数和供给反应函数等模型。本章分析框架如图 5 – 1 所示。

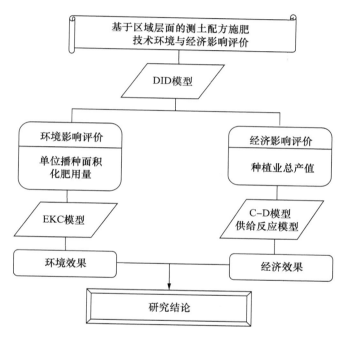

图 5 – 1　基于区域层面的测土配方施肥技术环境与经济影响评价分析框架图

（二）理论模型

1. DID 理论模型

DID 模型的基本思路是利用一个外生的公共政策所带来的横向单位（Cross – Sectional）和时间序列（Time – Series）的双重差异来识别公共政策的处理效应（Treatment Effect）（周黎安、陈烨，2005）。具体是将随机抽取的样本分为两组，一组是政策对象（简称实验组），另一组是非政策对象（简称控制组），分别计算实验组和控制组在政策或项目实施前后同一指标的变化量，上述两个变化量的差值（倍差值）即反映实际的政策效果。如图 5 – 2 所示，假设 Y 是我们关心的结果随机量，改革前，实验组 t 的指标值为 Y_{t1}，控制组 c 评价指标 Y 的指标值为 Y_{c1}，当政策改革进入之后，实验组 t 的指标值为 Y_{t2}，控制组 c 评价指标 Y 的指标值为 Y_{c2}。因此，实验组 t 的指标变化值为（$Y_{t2} - Y_{t1}$），而控制组 c 的指标变化值为（$Y_{c2} - Y_{c1}$），故政策净效果为两组指标变化值的差值，即（$Y_{t2} - Y_{t1}$）－（$Y_{c2} - Y_{c1}$）。

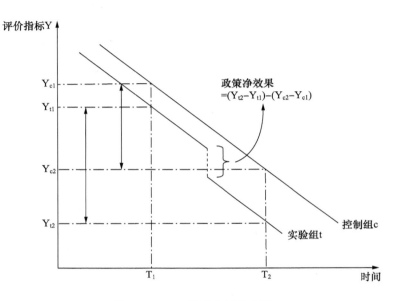

图 5 - 2　DID 模型分析示意图

（1）DID 基本模型形式。根据 DID 模型的定义，可以选择改革前后两期数据进行对比，评价政策改革净效果。为了方便解释，围绕图 5 - 2 中的例子展开进一步讨论，模型的因变量为评价指标 Y，自变量的择选包括与改革和技术采用相关的虚拟变量及交互项。建立 DID 模型如下：

$$Y = \gamma_0 + \gamma_1 T + \gamma_2 P + \gamma_3 TP + \gamma_4 W + \varepsilon \qquad (5-1)$$

式中，Y 表示某一评价指标；T 代表样本数据是否来自政策改革后时期的虚拟变量（T = 1 表示改革后；T = 0 表示改革前）；P 为是否参与政策改革的虚拟变量（P = 1 表示是，即实验组；P = 0 表示否，即控制组）；TP 为时间变量与政策的交互项，表示参与改革的实验组和未参与改革的控制组在政策改革前后评价指标 Y 的变化量的差异，反映实际的政策改革效果；W 是一组可观测的影响评价指标 Y 的控制变量；γ_0 表示常数项；γ_1 表示时变不可观测因素效应；γ_2 表示参与改革和未参与改革样本之间的不可观测差异效应；γ_3 表示政策改革净效应；γ_4 表示样本个体可观测变量对 Y 的影响；ε 为随机扰动项。根据 T 和 P 不同组合可得各种情况 Y 的变化及差分（见表 5－2）：

表 5－2　参与政策改革对评价指标 Y 的净影响

	评价指标 Y 的情况		差分
	改革后（T＝1）	改革前（T＝0）	
参与政策改革的实验组（P＝1）	$\gamma_0 + \gamma_1 + \gamma_2 + \gamma_3$	$\gamma_0 + \gamma_2$	$\gamma_1 + \gamma_3$
未参与政策改革的控制组（P＝0）	$\gamma_0 + \gamma_1$	γ_0	γ_1
差分			γ_3

（2）DID 拓展模型形式。如果政策改革是在不同时期实施的，如本研究中，测土配方施肥技术是分批次、分年度试点推广的，就需要对 DID 模型进行拓展，通过多期的对比评价获得政策净效应。继续对上述例子进行拓展，设定 DID 拓展模型如下：

$$Z = \gamma_0 + \gamma_3 X + \gamma_4 W + u + a + \varepsilon \qquad (5-2)$$

式中，X 反映某个时期样本个体是否参与了政策改革的虚拟变量，γ_3 则可表示某个时期参与政策改革的净效果；u 表示时间的虚拟变量；a 代表样本个体不随时间变化的特征。另外，Z、γ_0、W、γ_4 和 ε 的定义与公式（5－1）相同。

2. EKC 理论模型

测土配方施肥技术对环境的效果评价实际是该技术对农业面源污染和水环境质量的影响评价，适用 EKC 模型，故本研究试图在 DID 模型框架下构建 EKC 模型测算测土配方施肥技术的环境效果。EKC 曲线的理论假设表明，随着经济的发展，环境污染水平呈现先上升后下降的倒 U 型曲线的变化特征。然而经济增长对环境质量的影响并不是通过单一的渠道，而是可以分解成若干部分，包括通过改变经济规模、经济结构、技术水平；通过改变公众和政府对环境的需求弹性；通过促进政府制定并实施相应的环境政策和制度等方面对生态环境的变化产生一系列的影响（Grossman & Krueger，1995；Islam et al.，1998；Panayoutou，1997；Stokey，1998；Lindmark，2002；胡鞍钢，1993；梁流涛等，2010；李太平等，2011；葛继红、周曙东，2011）。本研究沿用前人的研究成果，将经济增长对化肥用量的效应分解为规模效应、结构效应、减污效应和政策效应，其中减污效应又可以从需求和供给两个方面分解。因此，本研究在 EKC 模型基础上，构建宏观经济对化肥施用量影响的理论模型：

$$Z = f(L, C, A, P) \qquad (5-3)$$

式中，Z 代表化肥用量，可以反映农业面源污染水平；L 表示规模效应；C

代表结构效应；A 为减污效应或者减污的努力程度；P 反映政策效应，本研究使用测土配方施肥技术的推广应用表征政策效应。

3. C - D 生产函数理论模型

C - D 生产函数最早应用于估算生产过程中土地、劳动力和技术等投入品的产出弹性，后来被拓展到政策评估领域。如估算农业科研成果或者农业科研投资的经济效果时，通常采用 C - D 生产函数的形式，把农业投资或者某项农业新科研成果的研制费用作为解释变量代入生产方程，通过回归分析估算农业科研投资费用的边际收益和边际内部利润率（朱晶，2003；李焕彰等，2004）。Lin（1992）和 Zhang 等（1997）采用 C - D 生产函数测度土地产权改革和经济改革等对农业生产的影响。本研究试图在 DID 模型基础上应用 C - D 生产函数形式构建测土配方施肥技术经济效果评价的理论模型，自变量中除了常规投入品外，还纳入了政策制度等非常规变量，方程如下：

$$LnQ = \eta_0 + \eta_1 Ln(input) + \eta_2 Ln(policy) + \mu \qquad (5-4)$$

式中，Q 表示种植业总产值；input 表示所有的农业生产投入，包括土地、劳动力、化肥和机械等；policy 表示政策变量，包括测土配方施肥技术的推广应用、复种指数和粮食作物占总播种面积比例；η_0 表示常数项；η_1 表示农业投入品的产出弹性；η_2 的估计值就能反映政策制度效果；μ 为随机扰动项。

本部分研究所运用的数据集，包括江苏省 52 县和县级市 2004~2006 年的相关社会经济数据，形成 3 年的面板数据，数据来源于《江苏省统计年鉴》。数据中涉及的相关经济指标均采用 2004 年不变价以消除价格因素的影响。

三、基于区域层面的测土配方施肥
技术环境影响评价：实证检验

（一）模型识别与估计方法

1. 模型识别

根据上述理论模型，测土配方施肥技术对环境的影响评价的模型是 DID 拓展模型与 EKC 分解模型的耦合，表达式如下：

$$Z_{it} = \alpha_0 + \alpha_1 FFT_{it} + \alpha_2 L_{it} + \alpha_3 C_{it} + \alpha_4 A_{it} + \alpha_5 D + \alpha_6 T + \lambda_{it} \qquad (5-5)$$

式中，i 代表第 i 个样本个体，t 代表时期，Z_{it} 表示个体 i 在时期 t 单位耕地面积化肥施用量（kg/hm²）；FFT_{it} 反映 t 时期个体 i 是否参与了测土配方施肥试点项目的虚拟变量；L_{it}、C_{it} 和 A_{it} 是可观测的影响个体化肥投入量 Z_{it} 的控制变量，其中 L_{it} 表示个体 i 在时期 t 的规模效应，C_{it} 表示个体 i 在时期 t 的结构效应，A_{it} 表示个体 i 在时期 t 的减污效应；D 表示地区虚拟变量，反映地理环境和气候条件等差异；T 为时间虚拟变量；α_0 表示常数项；α_1 的估计值就能反映个体 i 在政策执行第 t 年的政策净效果；α_2、α_3 和 α_4 分别表示样本的规模效应、结构效应和减污效应的影响；α_5 代表个体不随时间变化的特征；α_6 表示时变不可观测因素效应；λ_{it} 为随机扰动项。

2. 估计方法

如果参与测土配方施肥项目的实验组和未参与项目的控制组是随机的，独立于个体不随时间变化，则普通最小二乘法（Ordinary Least Square，OLS）对 α_1 的估计就是一致的。但是实际上 2005 年全国第一批测土配方施肥试点项目的选择并不是随机无条件的，而是有明确要求的，如每年粮食播种规模不少于 60 万亩。在此情况下，使用固定效应模型设定（Fixed Effect Model）可以得到参数的一致性估计，此时式（5 - 5）中 α_1 的估计值就被称为双重差分估计量（Difference - in - Differences Estimator）（周黎安、陈烨，2005；易福金，2006）。最终，本研究同时使用随机效应估计法和固定效应估计法对模型进行估计，以比较结果的稳健性。

（二）变量选取与定义

根据式（5 - 5），可以将宏观上影响各县（市）单位耕地面积化肥施用量的因素分成以下几部分：政策因素、规模效应因素、结构效应因素、减污效应因素以及反映地区和时期的虚拟变量。综述相关文献，对每一部分选取若干解释变量，表 5 - 3 汇总了相关变量的名称、单位、定义以及对化肥施用量的预期影响方向。

被解释变量中，表征环境影响指标的单位耕地面积化肥施用量是指单位耕地面积上化肥（折纯量）的投入量，包括 N 肥、P 肥、K 肥和复合肥的总和。

解释变量中，用于反映江苏省 52 个县（市）参与测土配方施肥试点项目进程的变量有"是否参与测土配方施肥项目"，该县（市）参与测土配方项目的当年和此后取值为 1，否则为 0。还有另外 2 个指标变量"参与测土配方施肥项目第 1 年"（1 = 是；0 = 否）和"参与测土配方施肥项目第 2 年"（1 = 是；0 = 否）。其中参与项目第 1 年就是改革当年。因为测土配方施肥技术的核心就是平衡养分供给，减少化肥不合理利用，所以预期上述 3 个变量对样本单位耕地面积化肥施用量的影响是负的。

规模效应主要是指经济规模效应，一般而言，高经济增长率伴随着污染高度积聚与资源过度损耗，所以往往会选择人均经济水平或者地均经济水平等指标反映规模效应（Islam et al.，1998；Panayoutou，1997）。彭水军、包群（2006）运用1996~2002年省级面板数据对我国经济增长与环境污染关系进行EKC假说检验中，采用人口密度表示规模效应，结果发现规模效应对各污染物的影响为正，因为较大的人口规模意味着经济活动更活跃，故对环境保护会产生外在压力。由于本研究环境污染指标为化肥施用量，所以选择单位耕地面积上种植业GDP反映经济活动的强度，并预期该变量对化肥施用量具有正效应。

Islam等（1998）认为，结构效应是经济水平与经济结构（产业结构）关系的表征，产业结构转移的本质是工业化发展，而结构效应与环境质量存在倒U型关系。在工业化飞速发展期，农业和工业比重较大，会产生更多污染，对环境损害较大，但是当工业化发展到后期，产业会向第三产业转移，污染排放会显著减少，环境质量就会变好。所以产业占据GDP的比重是一个能够较好地反映结构效应的指标。也有学者通过实证检验证明结构效应与环境质量之间并不是倒U型关系。梁流涛等（2010）基于1986~2005年江苏省的时间序列数据检验经济总量增长、经济结构变化和技术进步对工业"三废"排放量的影响中，则选择第三产业GDP与第二产业GDP的比重表征结构效应，结果表明，结构效应能够在一定程度上改善环境质量。本研究关注的重点为农业面源污染中的化肥污染，所以选择对化肥施用量影响更直接的粮食作物与经济作物播种面积比例、复种指数作为结构效应的指标。种植结构中粮食作物比重下降和经济作物比重上升会增加农业面源污染物的排放量（葛继红、周曙东，2011），复种指数越高，单位耕地面积的化肥污染负荷会增强，所以预期粮食作物与经济作物播种比例会减少化肥施用量，而复种指数则会增加化肥施用量。

减污效应实际上是收入效应，可以从需求和供给两个视角看：从需求角度看，根据恩格尔定律，收入水平较低的时候，人们更加关注温饱等基本需求，随着收入水平的提高，食品支出占据收入的比重越来越小，对环境的需求明显提升；从供给角度看，收入水平的提高会激励更多对环境保护的私人和公共投资，促使相关部门制定更严格的环境政策和制度，所以减污效应对环境质量具有改善效果（Islam et al.，1998）。人均收入水平和人均GDP是经常被采用的减污效应指标。本研究拟选择人均GDP作为减污效应的指标，同时在模型中加入人均GDP的二次项检验减污效应是否存在拐点，预期人均GDP对化肥施用量的影响为负。

此外，考虑到江苏省苏南、苏中和苏北经济和市场发展水平差异较大，苏南制造业较发达，属于加工型地区；苏北资源较丰富，属于资源型地区；苏中介于两者之间。所以选择以苏北地区作为对照组，设置苏南和苏中两个地区虚拟变量，用以反映地区之间地理位置、政策环境、市场条件以及经济增长模式等方面的差异。还设置了时间变量，2004～2006 年分别取值为 0、1 和 2，用以表征时变不可观测或者未被纳入模型的时变因素对被解释变量的影响。

表 5 - 3　基于区域层面的测土配方施肥技术环境影响评价
模型中相关变量定义与预期影响方向

	变量名称	单位	定义	预期影响
被解释变量	环境影响指标			
	单位耕地面积化肥用量	千克/公顷	化肥折纯总量/耕地面积	
解释变量	政策变量			
	测土配方施肥项目参与	0/1	是否参与测土配方施肥项目：1 = 是；0 = 否	－
	参与项目第 1 年	0/1	是否参与测土配方施肥项目第 1 年：1 = 是；0 = 否	－
	参与项目第 2 年	0/1	是否参与测土配方施肥项目第 2 年：1 = 是；0 = 否	－
	规模效应			
	地均种植业总产值	元/公顷	种植业总产值/耕地面积	＋
	结构效应			
	粮食作物与经济作物播种面积比例	%	粮食作物播种面积/经济作物播种面积	－
	复种指数		农作物总播种面积/耕地面积	＋
	减污效应			
	人均 GDP	元/人	国内生产总值/总人口	
	地区虚拟变量（苏北地区对照组）			
	苏南地区	0/1	1 = 苏南地区	＋/－
	苏中地区	0/1	1 = 苏中地区	＋/－
	时间变量			
	时间变量	0～2	0 = 2004 年；1 = 2005 年；2 = 2006 年	＋/－

（三）描述性统计分析

表 5 - 4 描述了上述列举变量的一些基本特征。参与模型估计的样本共有 156 个，包括江苏省 52 县（市）3 年的面板数据，其中，27% 的县（市）来自苏南

地区、27%的来自苏中地区、46%的来自苏北地区。

总样本的平均单位耕地面积化肥施用量为699.62千克/公顷，纵观3年的变化情况（2004年703.63千克/公顷、2005年699.15千克/公顷、2006年694.87千克/公顷），发现总体情况呈现递减趋势，虽然缩减幅度比较小。但是从苏南、苏中和苏北各地区具体情况看，发现苏南地区是单位耕地面积化肥施用量减少的主要贡献者，而苏中和苏北的3年平均值比较平稳，甚至出现微弱上升趋势（见图5-3）。但是化肥施用量的变化受到多种因素的共同影响，所以需要通过计量经济学将其他变量控制住，检验测土配方施肥技术的效果。

表5-4　基于区域层面的测土配方施肥技术环境影响
评价模型中相关变量的描述性统计

	变量名称	2004年	2005年	2006年	总样本
	样本数量（个）	52	52	52	156
	环境影响指标				
被解释变量	单位耕地面积化肥用量（千克/公顷）	703.63 (32.98)	699.15 (33.70)	694.87 (35.68)	699.62 (19.58)
	政策变量				
解释变量	测土配方施肥项目参与（1=是）	0	0.19 (0.05)	0.81 (0.05)	0.33 (0.04)
	参与项目第1年（1=是）	0	0.19 (0.05)	0.61 (0.07)	0.27 (0.04)
	参与项目第2年（1=是）	0	0	0.19 (0.05)	0.06 (0.02)
	规模效应				
	地均种植业总产值（元/公顷）	25994.57 (778.44)	26161.80 (879.55)	27423.46 (901.43)	26526.6 (493.00)
	结构效应				
	粮食作物与经济作物播种面积比例	2.12 (0.16)	2.36 (0.19)	2.63 (0.21)	2.37 (0.11)
	复种指数	1.62 (0.03)	1.62 (0.03)	1.62 (0.03)	1.62 (0.02)
	减污效应				
	人均GDP（元/人）	17591.23 (2470.69)	18258.85 (2660.26)	19302.35 (2862.37)	18384.14 (1532.15)

续表

变量名称		2004 年	2005 年	2006 年	总样本
	样本数量（个）	52	52	52	156
	地区虚拟变量				
解释变量	苏南地区（1 = 苏南地区）	0.27 (0.06)	0.27 (0.06)	0.27 (0.06)	0.27 (0.06)
	苏中地区（1 = 苏中地区）	0.27 (0.06)	0.27 (0.06)	0.27 (0.06)	0.27 (0.06)
	苏北地区（对照组）	0.46 (0.07)	0.46 (0.07)	0.46 (0.07)	0.46 (0.07)

注：表中系数为平均值，括号中为标准差。如无特殊说明，本章余同。

政策变量中，由于测土配方施肥项目是从 2005 年开始的，所以 2004 年的 3 个政策变量均为零。2005 年是测土配方项目实施的第 1 年，52 个县（市）中有 10 个县（市）参与了第一批部级测土配方施肥试点项目，参与项目比例为 19%，故项目参与变量和参与第 1 年变量均为 0.19。2006 年是测土配方施肥项目推广的第 2 年，52 个县（市）中新添加了 16 个部级测土配方施肥试点项目和 16 个省级测土配方施肥试点项目，所以 2006 年项目参与变量平均值达 0.81，项目参与第 1 年为 0.61、项目参与第 2 年为 0.19。

表征规模效应的地均种植业总产值 3 年的平均值为 26526.6 元/公顷，3 年平均值出现明显递增趋势。从 2004 年的 25994.57 元/公顷增至 2006 年的 27423.46 元/公顷。虽然种植业总产值有上升趋势，但是，农业 GDP 占 GDP 比重却呈现显著下降趋势，2004～2006 年农业 GDP 比重分别为 20.33%、19.22% 和 17.21%。

结构效应变量中，粮食作物与经济作物播种面积比例 3 年的平均值为 2.37，从 3 年的变化趋势看，该比值持续增加（2004 年为 2.12、2005 年为 2.36、2006 年为 2.63），这对保障粮食安全具有重要意义。但是粮食作物和经济作物播种面积比例在苏南、苏中和苏北呈现区域差异。苏南地区的粮食作物与经济作物播种面积比例最低，均不超过 2.00，而苏中和苏北地区则相反，尤其是苏北地区，2004 年的粮食作物与经济作物播种面积比例低于苏中地区，2005 年开始快速增加反超苏中，2006 年苏北的粮食作物与经济作物播种面积比例更是高达 3.01（见图 5-4）。

代表减污效应变量的人均 GDP 指标在 2004～2006 年稳步上升，3 年人均 GDP 分别为 17591.23 元/人、18258.85 元/人和 19302.35 元/人，2005 年和 2006 年人均 GDP 的增长率分别为 4% 和 6%。

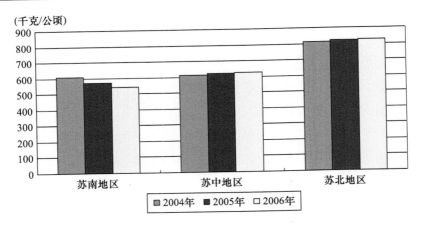

图 5 - 3　2004 ~ 2006 年苏南、苏中和苏北地区单位耕地面积化肥施用量

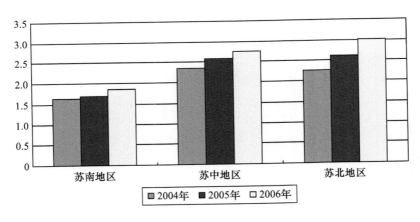

图 5 - 4　2004 ~ 2006 年苏南、苏中和苏北地区粮食作物
与经济作物播种面积比例

（四）独立样本 t 检验

为了验证基于区域层面的测土配方施肥技术环境影响评价中各种因素的均值在项目组和非项目组是否存在直接的显著组间差异性，下面将对各因素进行独立样本 t 检验，结果如表 5 - 5 所示。

结果显示，参与测土配方施肥项目样本县的单位耕地面积化肥施用量比非项目县少 32.34 千克/公顷，不过并没有通过显著性检验。

解释变量中，表征规模效应的地均种植业总产值在测土配方施肥项目组和非

表 5 - 5　基于区域层面环境影响评价模型中各因素的独立样本 t 检验

	变量名称	测土配方施肥技术采用情况		均值 t 检验
		项目样本县	非项目样本县	
	样本数量（个）	52	104	
被解释变量	环境影响指标			
	单位耕地面积化肥用量（千克/公顷）	677.66 (33.98)	710.00 (24.01)	-32.34 (41.60)
	规模效应			
	地均种植业总产值（元/公顷）	26667.97 (646.20)	26243.88 (725.99)	-424.09 (1048.65)
	结构效应			
解释变量	粮食作物与经济作物播种面积比例	2.64 (0.19)	2.23 (0.13)	0.41 (0.23)*
	复种指数	1.60 (0.03)	1.63 (0.02)	-0.03 (0.04)
	减污效应			
	人均GDP（元/人）	15897.25 (1960.16)	19627.59 (2074.30)	-3730.33 (3246.84)
	地区虚拟变量			
	苏南地区（1=苏南地区）	0.21 (0.06)	0.30 (0.04)	-0.09 (0.08)
	苏中地区（1=苏中地区）	0.33 (0.06)	0.24 (0.04)	0.09 (0.08)
	苏北地区（对照组）	0.46 (0.05)	0.46 (0.07)	0.00 (0.09)

注：最后一列均值 t 检验中的平均值为测土配方施肥项目县和非项目县平均值的差值；* 表示在 10% 的水平上两组样本县的均值存在显著差异。

　　项目组并没有显示出显著的组间差异，但是统计结果显示，项目组的地均种植业总产值比非项目组平均低 424.09 元/公顷。结构效应中，项目组的粮食作物与经济作物播种面积比例显著高于非项目组（10% 水平上通过显著性检验），而复种指数并不存在显著的组间差异。减污效应中，测土配方施肥项目组的人均 GDP 均值比非项目组少 3730.33 元，但是没有通过显著性检验。

　　从地区虚拟变量中可以看出，所有测土配方施肥项目县分布在苏南、苏中和苏北地区的比例分别为21%、33%和46%。而总样本县在苏南、苏中和苏北地区的分布情况为27%、27%和46%。相比而言，说明江苏省测土配方施肥项目的推进比较均衡，不存在显著的地域差异。

（五）模型估计结果与分析

本文分别使用随机效应估计方法和固定效应估计方法对环境影响方程（5-5）进行估计，表5-6报告了模型估计结果，包括被解释变量的系数和Z值或者t值统计量以及相关统计检验指标。

结果显示，所有模型中的F值和卡方值均通过检验，说明该模型中各解释变量对单位耕地面积化肥施用量的共同影响是显著的。表5-6中第（1）和第（3）列主要考察"测土配方施肥项目参与与否"变量对样本单位耕地面积化肥施用量的影响，第（2）列和第（4）列的核心变量是"参与测土配方施肥项目第1年"和"参与测土配方施肥项目第2年"，目的是研究测土配方施肥技术对环境影响效果的时间趋势。比较两种估计方法的回归结果，发现政策变量的结果是非常接近的，其他控制变量的影响方向基本也是一致的，但是显著性存在一定的差异。考虑到测土配方施肥试点项目的分配并不完全是随机的，而且根据Hausman检验结果，拒绝优先选择随机效应模型的原假设。所以我们主要对固定效应法的估计结果（第（3）列和第（4）列）展开详细讨论。

表5-6 基于区域层面的测土配方施肥技术环境影响评价模型的估计结果

解释变量	被解释变量：Ln单位耕地面积化肥施用量			
	随机效应估计		固定效应估计	
	（1）	（2）	（3）	（4）
政策变量				
测土配方施肥项目参与	0.01 (0.41)	—	0.01 (0.40)	—
参与项目第1年	—	0.007 (0.31)	—	0.006 (0.24)
政策变量				
参与项目第2年	—	-0.02 (-0.62)	—	-0.04 (-0.92)
规模效应				
Ln地均种植业总产值	0.24 (2.13)**	0.23 (2.13)**	0.11 (0.77)	0.11 (0.79)

解释变量	被解释变量：Ln 单位耕地面积化肥施用量			
	随机效应估计		固定效应估计	
	（1）	（2）	（3）	（4）
结构效应				
粮食作物与经济作物播种面积比例	0.01 (0.57)	0.01 (0.61)	−0.003 (−0.11)	−0.004 (−0.14)
复种指数	0.27 (2.09)**	0.28 (2.11)**	0.42 (2.74)***	0.43 (2.81)***
减污效应				
Ln 人均 GDP	0.97 (0.87)	1.10 (1.01)	5.52 (3.95)***	5.83 (4.13)***
Ln 人均 GDP 的平方项	−0.07 (−1.00)	−0.06 (−1.14)	−0.3 (−4.22)***	−0.3 (−4.40)***
地区虚拟变量（苏北地区为对照组）				
苏南地区	−0.07 (−0.41)	−0.06 (−0.38)	—	—
苏中地区	−0.25 (−2.38)**	−0.25 (−2.40)**	—	—
时间变量				
时间变量	−0.02 (−1.07)	−0.02 (0.79)	0.01 (0.59)	0.01 (0.95)
常数项	−0.39 (−0.07)	−1.01 (−0.18)	−18.47*** (−2.85)	−19.96*** (−3.05)
样本数量（个）	156	156	156	156
县（市）个数（个）	52	52	52	52
R − squared	0.31	0.31	0.11	0.11
Wald chi 值	102.46	108.75	—	—
Prob > chi2	0.000	0.000	—	—
F 值	—	—	6.09	5.61
Prob > F	—	—	0.000	0.000

注：**、*** 分别表示在5%和1%的统计水平上显著。随机效应估计中括号内为基于稳健标准差（Robust Standard Error）计算的 Z 统计量，固定效应估计中括号内为 t 统计量。

政策变量对单位耕地面积化肥施用量的影响并不显著，从影响符号看，参与测土配方施肥项目第 1 年为正，但是从第 2 年开始出现负效应。政策变量不显著的可能原因是，江苏省测土配方施肥的原则是"减氮增钾"，肥料施用结构的调整掩盖了其真实效果，所以，实施测土配方施肥的试点项目县（市）的氮肥用量可能确实减少了，但同时钾肥用量也增加了，故使用单位耕地面积化肥总用量的结果并不显著。鉴于江苏省各个县（市）氮磷钾肥的数据无法获得，所以从宏观的县（市）层面上只能匡算化肥总用量，并不能区分对氮、磷、钾肥的独立影响。测土配方施肥对单位耕地化肥用量影响的不确定性值得进一步探讨，后面微观层面的实证中，有条件对氮、磷、钾肥分别研究，可以进一步深入对测土配方施肥技术的环境评价。

　　反映规模效应的地均种植业总产值对化肥施用量的影响为正，与预期一致，该变量在随机效应模型中在 5% 统计水平上显著，表明在其他条件一定的情况下，农业经济规模扩大确实会增加单位耕地面积化肥施用量。农业经济活动越强，单位土地面积的化肥负荷越大，对农业面源污染的威胁也越大，这与前人的研究结论是一致的，认为经济规模越大，就会消耗更多资源和产生更多污染（Dale，1998；葛继红、周曙东，2011）。结构效应中的复种指数是衡量农业集约化程度的重要指标，在随机效应模型和固定效应模型均显著为正，固定效应模型中在 1% 水平上显著，系数为 0.43。说明控制其他变量恒定的情况下，复种指数会显著增加单位耕地面积化肥用量，该指标的本质就是土地利用强度，所以原理与上述一致。

　　人均 GDP 反映人们的收入水平，表征人们对环境需求的变化。从固定效应估计结果看，人均 GDP 与单位化肥施用量呈倒 U 型关系。该结论与许多实证研究结果一致，大多数环境质量指标与人均收入（一般使用人均 GDP 度量）之间存在倒 U 型关系。Holtz - Eakin 和 Selten（1995）发现二氧化碳随着人均收入水平的提高先恶化后改善。Selden 和 Song（1994）考察了二氧化硫、二氧化碳等空气污染物排放问题，发现它们与收入之间均存在倒 U 型关系。Xepapadeas 和 Amri（1995）在研究空气污染问题中也得到同样的结论。根据转折点的计算公式 $X^* = -\beta_1/(2\beta_2)$，可计算化肥施用量与人均 GDP 关系的拐点为 16615 元左右（以 2004 年为不变价）。这一结果的含义在于，当人均 GDP 超过 16615 元时，江苏省单位耕地面积化肥施用量可能出现减少趋势，即随着人均 GDP 的增加，化肥施用量将出现先增后减的现象。虽然从描述性统计中看到，江苏省人均 GDP 已经超过拐点，单位耕地面积化肥施用量似乎进入转折期，但是经济发展水平和农业生产情况存在严重的地域差异。2004 ~ 2006 年大约有 15 个县（市）的人均 GDP 高于转折点，其中 87% 集中于苏南地区，这与描述性统计分析中的结果是一致的，即 2004～2006 年苏南地区单位耕地面积化肥施用量出现持续下降趋势，而苏中和苏北地区则依旧持续缓慢增加现象。

随机效应估计模型显示，地区虚拟变量中苏中地区在 5% 水平上显著为负，表明相比苏北地区而言，苏中地区单位耕地面积化肥施用量更少。

四、基于区域层面的测土配方施肥技术经济影响评价：实证检验

（一）模型识别与估计方法

1. 模型识别

根据上述理论模型，测土配方施肥技术对经济的影响评价模型是 DID 拓展模型与 C－D 生产函数的耦合，表达式如下：

$$Q_{it} = \beta_0 + \beta_1 FFT_{it} + \beta_2 Land_{it} + \beta_3 Labor_{it} + \beta_4 Fer_{it} + \beta_5 Mec_{it} +$$
$$\beta_6 Irrg_{it} + \beta_7 Cindex_{it} + \beta_8 Gshare_{it} + \beta_9 D + \beta_{10} T + \xi_{it} \tag{5-6}$$

式中，Q_{it} 表示个体 i 在时期 t 种植业总产值（亿元）；FFT_{it} 反映 t 时期个体 i 是否参与了测土配方施肥试点项目的虚拟变量；$Land_{it}$、$Labor_{it}$、Fer_{it} 和 Mec_{it} 分别表示 t 时期个体 i 的土地、劳动力、化肥和机械等农业生产投入品；$Irrg_{it}$ 指能够进行正常灌溉的耕地面积与总耕地面积之比，表征土地质量状况；$Cindex_{it}$ 表示 t 时期个体 i 的复种指数；$Gshare_{it}$ 代表 t 时期个体 i 粮食作物占总播种面积比例；D 表示地区虚拟变量；T 为时间虚拟变量；β_0 表示常数项；β_1 的估计值就能反映个体 i 在政策执行第 t 年的政策净效果；$\beta_2 \sim \beta_5$ 表示各种投入品的影响；β_7 和 β_8 表示复种指数和粮食作物播种面积比例对种植业总产值的影响；β_9 代表个体不随时间变化的特征；β_{10} 表示时变不可观测因素效应；ξ_{it} 为随机扰动项。

考虑到常规投入品的使用水平可能是内生于测土配方施肥技术、土壤质量等政策制度与环境因素，故该技术对种植业总产值的影响在方程（5－6）中的估计可能是有偏的。因此，为了评价这些因素对农业生产的总体影响，我们还需要估计供给反应函数，其形式为：

$$Q_{it} = \beta_0 + \beta_1 FFT_{it} + \beta_6 Irrg_{it} + \beta_7 Cindex_{it} + \beta_8 Gshare_{it} + \beta_9 D + \beta_{10} T + \xi_{it} \tag{5-7}$$

2. 估计方法

关于估计方法，测土配方施肥技术经济评价与环境评价的情况一致，故也选

择了随机效应估计模型和固定效应估计模型对方程（5-6）和方程（5-7）进行估计。

（二）变量选取与定义

根据方程（5-6），影响各县（市）种植业总产值的因素主要包括政策因素和农业生产投入因素，以及其他反映地区和时期的虚拟变量。综述相关文献，对每一部分选取若干解释变量，表5-7汇总了相关变量的名称、单位、定义以及对种植业总产值的预期影响方向。被解释变量中，表征经济指标的种植业总产值表示以货币表现的种植业（农林牧渔业中的农业）全部产品和对种植业生产进行各种支持性服务活动的总量，它反映一定时期内种植业生产总规模和总成果，并以2004年为不变价以消除价格因素的影响。

政策制度和环境解释变量中，用于反映江苏省52个县（市）参与测土配方施肥试点项目进程的"是否参与测土配方施肥项目"、"参与测土配方施肥项目第1年"和"参与测土配方施肥项目第2年"3个变量与环境影响实证的定义和赋值是一样的，即"是否参与测土配方施肥项目"表示该县（市）参与测土配方项目的当年和此后取值为1，否则为0；还有另外2个指标变量"参与测土配方施肥项目第1年"（1＝是；0＝否）和"参与测土配方施肥项目第2年"（1＝是；0＝否）。由于测土配方施肥技术的目标之一是促进农业增效，所以预期上述3个变量对样本种植业总产值的影响是正的。复种指数是农作物总播种面积与耕地面积之比，复种指数越高，种植业总产值可能也会相应提高。一般认为，粮食作物的经济收益会低于经济作物，所以预期粮食作物播种面积比例对农业产值有负影响。灌溉面积主要指具有一定的水源，地块比较平整，灌溉工程或设备已经配套，在当年能够进行正常灌溉的水田和水浇地面积，灌溉面积比例是灌溉面积与耕地总面积之比，可以反映土地质量，预期灌溉面积比例对种植业总产值会有积极作用。

表5-7　基于区域层面的测土配方施肥技术经济影响
评价模型中相关变量定义与预期影响方向

	变量名称	单位	定义	预期影响
被解释变量	经济影响指标			
	种植业总产值	亿元	种植业农产品和各种服务活动的总量	
解释变量	政策制度和环境变量			
	测土配方施肥项目参与	0/1	是否参与测土配方施肥项目：1＝是；0＝否	+
	参与项目第1年	0/1	是否参与测土配方施肥项目第1年：1＝是；0＝否	+
	参与项目第2年	0/1	是否参与测土配方施肥项目第2年：1＝是；0＝否	+

变量名称		单位	定义	预期影响
解释变量	政策制度和环境变量			
	复种指数		农作物总播种面积／耕地面积	+
	粮食作物播种面积比例		粮食作物播种面积／农作物总播种面积	－
	灌溉面积比例	—	能够正常灌溉的耕地面积与总耕地面积之比	+
	生产投入品			
	土地投入（耕地面积）	千公顷	年初耕地面积	+
	劳动力投入	万人	全社会直接参加农业生产活动的劳动力	+
	化肥投入	万吨	当年实际用于农业生产的化肥总数量（折纯量）	+
	机械投入	万千瓦时	指主要用于农业各种动力机械的动力总和	+
	地区虚拟变量（苏北地区对照组）			
	苏南地区	0/1	1 = 苏南地区	+／－
	苏中地区	0/1	1 = 苏中地区	+／－
	时间变量			
	时间变量	0～2	0 = 2004 年；1 = 2005 年；2 = 2006 年	+／－

生产投入品包括土地投入、劳动力投入、化肥投入和机械投入，所有投入指标均是按照实物计算。其中，土地投入使用耕地面积作为指标，具体指当年年初可用来种植农作物并经常进行耕种、能够正常收获的土地，但是不包括桑园、茶园、果园和果木苗圃等专业性土地。由于从统计年鉴上难以获得种植业劳动力，故选择农林牧渔业劳动力（指全社会直接参加农林牧渔业生产活动的劳动力）作为劳动力投入的代理变量。化肥投入主要指当年内实际用于农业生产的化肥数量（折纯量），包括氮肥、磷肥、钾肥和复合肥。机械投入是用于农业的各种动力机械的总和，如耕作机械、排灌机械、收获机械和农用运输机械等。预期所有投入品对种植业总产值均具有正效应。

此外，与测土配方施肥技术对环境影响评价的实证检验一致，本实证中也选择苏北地区作为对照组，设置苏南和苏中两个地区虚拟变量，用以反映地区之间地理位置、政策环境、经济增长模式等方面的差异。2004～2006 年的时间变量分别取值为 0、1 和 2，用以表征时变不可观测或者未被纳入模型的时变因素对因变量的影响。

（三）描述性统计分析

表 5 - 8 描述了上述列举变量的一些基本特征。参与模型估计的样本共有 156

个，包括江苏省 52 县（市）3 年的面板数据，其中 27% 的县（市）来自苏南地区，27% 来自苏中地区，46% 来自苏北地区。表征经济影响指标的种植业总产值从 2004 年到 2006 年出现递减现象，产值分别为 19.12 亿元、19.44 亿元和 20.28 亿元，平均涨幅为 3% 左右。从苏南、苏中和苏北地区差异看，苏北种植业总产值最高，2006 年苏北该指标值为 26.39 亿元，约为苏南和苏中当年种植业总产值的 2.27 倍和 1.43 倍。对 3 个地区的种植业总产值变化情况进行比较，发现三者种植业总产值均出现微弱上升趋势，平均涨幅分别为 2%、2% 和 4%（见图 5 - 5）。

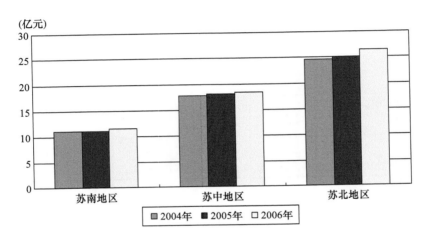

图 5 - 5　2004 ~ 2006 年苏南、苏中和苏北地区种植业总产值情况

政策制度变量中，三个测土配方施肥政策变量的描述性统计与上一节实证中一致。2005 年，52 个县（市）的项目参与变量和参与第 1 年变量的平均值均为 0.19；2006 年的项目参与变量平均值达 0.81，项目参与第 1 年为 0.61、项目参与第 2 年为 0.19。复种指数的平均值是非常稳健的，保持在 1.62。粮食作物播种面积比例总体有稳步提升趋势，从 2004 年的 0.63 增至 2006 年的 0.67。灌溉面积比例的均值比较平稳，3 年平均值约为 0.84。

农业生产的投入品中，耕地面积有增长迹象，平均值约为 74.08 千公顷。然而从事农业的劳动人员数量明显逐年下降，从 2004 年的 17.84 万人降至 2006 年的 15.20 万人，下降幅度达到 15%，农业部门从业人员的流失会造成劳动力不足，对农业生产的制约影响不可忽视。化肥总投入量有微弱增加趋势，平均涨幅为 0.8% 左右。相比而言，机械化的发展对农业生产影响比较大，2004 ~ 2006 年机械投入分别为 46.66 万千瓦时、48.41 万千瓦时和 50.49 万千瓦时，增长速度达到 4%。

表 5 - 8　基于区域层面的测土配方施肥技术经济影响评价
模型中相关变量的描述性统计

	变量名称	2004 年	2005 年	2006 年	总样本
	样本数量（个）	52	52	52	156
	经济影响指标				
被解释变量	种植业总产值（亿元）	19. 12 (1. 33)	19. 44 (1. 41)	20. 28 (1. 46)	19. 61 (0. 80)
	政策制度和环境变量				
解释变量	是否参与测土配方施肥项目（1 = 是）	—	0. 19 (0. 05)	0. 81 (0. 05)	0. 33 (0. 04)
	参与项目第 1 年（1 = 是）	—	0. 19 (0. 05)	0. 61 (0. 07)	0. 27 (0. 04)
	参与项目第 2 年（1 = 是）	—	—	0. 19 (0. 05)	0. 06 (0. 02)
	复种指数	1. 62 (0. 03)	1. 62 (0. 03)	1. 62 (0. 03)	1. 62 (0. 02)
	粮食作物播种面积比例	0. 63 (0. 02)	0. 65 (0. 02)	0. 67 (0. 02)	0. 65 (0. 01)
	灌溉面积比例	0. 84 (0. 02)	0. 83 (0. 02)	0. 84 (0. 02)	0. 84 (0. 01)
	生产投入品				
	土地投入（耕地面积）（千公顷）	73. 58 (4. 38)	74. 36 (4. 43)	74. 31 (4. 47)	74. 08 (2. 54)
	劳动力投入（万人）	17. 84 (1. 35)	16. 42 (1. 23)	15. 20 (1. 18)	16. 49 (0. 73)
	化肥投入（万吨）	5. 26 (0. 44)	5. 32 (0. 45)	5. 34 (0. 47)	5. 30 (0. 26)
	机械投入（万千瓦时）	46. 66 (2. 44)	48. 41 (2. 66)	50. 49 (2. 84)	48. 52 (1. 52)
	地区虚拟变量				
	苏南地区（1 = 苏南地区）	0. 27 (0. 06)	0. 27 (0. 06)	0. 27 (0. 06)	0. 27 (0. 06)
	苏中地区（1 = 苏中地区）	0. 27 (0. 06)	0. 27 (0. 06)	0. 27 (0. 06)	0. 27 (0. 06)
	苏北地区（对照组）	0. 46 (0. 07)	0. 46 (0. 07)	0. 46 (0. 07)	0. 46 (0. 07)

（四）独立样本 t 检验

为了验证基于区域层面的测土配方施肥技术经济影响评价中各种因素的均值在项目组和非项目组是否存在显著的组间差异性，下面将对各因素进行独立样本 t 检验，结果如表 5 - 9 所示。

结果显示，参与测土配方施肥项目样本县的种植业总产值比非项目县平均高 0.99 亿元，这与预期相符，但是并没有通过 t 检验。由于种植业总产值受到多种因素影响，参与测土配方施肥项目对样本县种植业总产值的影响有待进一步考量。

解释变量的政策制度和环境变量中，测土配方施肥项目县的复种指数稍低于非项目县，而前者的灌溉面积比例稍高于后者，不过都没有通过显著性检验。另外，项目县的粮食播种面积比例显著高于非项目县（在 10% 水平上显著）。

从生产投入品变量的统计结果看，测土配方施肥项目县和非项目县的常规投入品并没有显著差异。其中，项目县的土地、化肥和机械投入稍高于非项目县，而项目县的劳动力投入却略高于非项目县。

地区虚拟变量与表 5 - 5 环境影响评价中一致，即江苏省测土配方施肥项目的推广进程比较均衡，不存在显著的地域差异。

表 5 - 9　基于区域层面经济影响评价模型中各因素的独立样本 t 检验

	变量名称	测土配方施肥技术采用情况		均值 t 检验
		项目样本县	非项目样本县	
	样本数量（个）	52	104	
	经济影响指标			
被解释变量	种植业总产值（亿元）	20.27 (1.25)	19.28 (1.03)	0.99 (1.71)
	政策制度和环境变量			
解释变量	复种指数	1.60 (0.03)	1.63 (0.02)	-0.03 (0.04)
	粮食作物播种面积比例	0.68 (0.02)	0.64 (0.01)	0.04 (0.02)*
	灌溉面积比例	0.839 (0.02)	0.838 (0.01)	0.001 (0.02)

续表

	变量名称	测土配方施肥技术采用情况		均值 t 检验
		项目样本县	非项目样本县	
	样本数量（个）	52	104	
解释变量	生产投入品			
	土地投入（耕地面积）（千公顷）	78.05 (4.18)	72.10 (3.12)	5.96 (5.38)
	劳动力投入（万人）	16.12 (1.13)	16.67 (0.93)	-0.55 (1.54)
	化肥投入（万吨）	5.38 (0.43)	5.26 (0.32)	0.12 (0.55)
	机械投入（万千瓦时）	51.30 (2.79)	47.13 (1.81)	4.17 (3.23)
	地区虚拟变量			
	苏南地区（1 = 苏南地区）	0.21 (0.06)	0.30 (0.04)	-0.09 (0.08)
	苏中地区（1 = 苏中地区）	0.33 (0.06)	0.24 (0.04)	0.09 (0.08)
	苏北地区（对照组）	0.46 (0.05)	0.46 (0.07)	0.00 (0.09)

注：最后一列均值 t 检验中的平均值为测土配方施肥项目县和非项目县平均值的差值；* 表示在 10% 的水平上两组样本县的均值存在显著差异。

（五）模型估计结果与分析

根据 Hausman 检验结果，拒绝优先选择随机效应模型的原假设，所以本部分主要对方程（5-6）和方程（5-7）固定效应法的估计结果展开详细讨论（见表 5-10）。表 5-10 中第（1）和第（3）列的考察对象是“测土配方施肥项目参与与否”对样本种植业总产值的影响，第（2）和第（4）列主要研究测土配方施肥技术经济影响效果的时间趋势。从结果可知，4 组模型的 F 值均较大并通过检验，说明该模型中各因素对种植业总产值的共同影响是显著的。下面对结果展开详细讨论。

C-D 函数和供给反应函数的固定效应模型结果显示，测土配方施肥政策变量中 3 个变量均通过显著性检验，而且系数较接近。在供给反应函数结果中，“测土配方项目参与与否”在 5% 统计水平显著为正（系数为 0.04），说明在控制其他变量不变的情况下，参加测土配方施肥项目有助于提高样本种植业总产值；"参与测土配方施肥项目第 1 年"和"参与测土配方施肥项目第 2 年"变量也显著为正（都在 5% 水平上通过检验），而且系数分别为 0.04 和 0.06，呈递增趋势，表明在其他条件不变的情形下，相比没有参与项目的县（市），参与测土配方施肥项目县（市）的种植业总产值每一年都有所增加。随机效应估计结果和固定效应估计结果的接近进一步证明了各县（市）特定的不随时间变化的特征与它们是否参与测土配方施肥项目没有系统性的关联，即样本参与项目可以被视为外生。此外，结果还表明，复种指数与种植业总产值存在非常显著的正相关关系（均在 1% 水平上通过检验）。

农业生产投入品的控制变量中，C – D 函数的固定效应结果显示，耕地对种植业生产总值的影响显著为正，而且土地投入对种植业总产值的贡献率是最大的，达到 55% 以上。而劳动力投入在 5% 水平上通过检验，符号为负，表示增加劳动力投入不仅不能增加产出，反而会降低获利，这与以往的经验研究相吻合，因为在存在大量农业剩余劳动力的情况下，劳动力的边际产出近似为零或者为负（Nguyen et al.，1996；万广华、程恩江，1996）。此外，化肥投入对种植业生产总值的影响也为负，虽然并不显著，与一般认为化肥的边际产出率降低的结论相一致。一般认为，时间变量可以作为反映技术进步的变量，但估计结果中时间变量并不显著，且大多系数为负，可能的解释是本研究所使用的数据只有 3 年的短面板数据，技术进步并不是非常明显，而且可以反映施肥技术进步的测土配方施肥变量已经被控制住，所以该变量可能隐含其他时变信息，包括受灾情况、农资价格和农产品价格变化等。如受灾情况，通过查阅年鉴数据发现，2005 年和 2006 年江苏省受灾面积远远超过 2004 年。

表 5 – 10　基于区域层面的测土配方施肥技术经济
影响评价模型的固定效应估计结果

解释变量	被解释变量：Ln 种植业总产值			
	C – D 函数［方程（5 – 6）］		供给反应函数［方程（5 – 7）］	
	(1)	(2)	(3)	(4)
政策制度和环境变量				
测土配方施肥项目参与	0.03 (2.02)**	—	0.04 (2.39)**	—
参与项目第 1 年	—	0.03 (2.08)**	—	0.04 (2.46)**

解释变量	被解释变量：Ln 种植业总产值			
	C - D 函数［方程（5-6）］		供给反应函数［方程（5-7）］	
	（1）	（2）	（3）	（4）
政策制度和环境变量				
参与项目第 2 年	—	0.05	—	0.06
		（1.68）*		（2.10）**
复种指数	0.61	0.59	0.40	0.40
	（4.16）***	（3.58）***	（4.56）***	（4.47）***
粮食作物播种面积比例	0.30	0.31	0.03	0.04
	（0.96）	（0.99）	（0.04）	（0.13）
灌溉面积比例	-0.07	-0.06	-0.20	-0.19
	（-0.45）	（-0.44）	（-1.59）	（-1.49）
生产投入品				
Ln 耕地面积	0.58	0.55		
	（1.91）*	（1.79）*		
Ln 劳动力投入	-0.16	-0.15		
	（-2.30）**	（-2.27）**		
Ln 化肥投入	-0.01	-0.004		
	（-0.13）	（-0.05）		
Ln 机械投入	0.01	-0.004		
	（0.06）	（-0.05）		
地区虚拟变量（苏北地区为对照组）				
苏南地区	—	—	—	—
苏中地区	—	—	—	—
时间变量				
时间变量	-0.01	-0.01	-0.01	0.01
	（-0.54）	（-0.66）	（-1.01）	（0.68）
常数项	-0.30	-0.14	2.33	2.31
	（-0.20）	（-0.09）	（9.15）***	（9.07）***
样本数量（个）	156	156	156	156
县（市）个数（个）	52	52	52	52

解释变量	被解释变量：Ln 种植业总产值			
	C－D 函数［方程（5－6）］		供给反应函数［方程（5－7）］	
	（1）	（2）	（3）	（4）
R－squared	0.76	0.75	0.22	0.21
F 值	7.27	6.56	10.80	9.14
Prob > F	0.000	0.000	0.000	0.000

注：*、**、***分别表示在 10%、5% 和 1% 的统计水平上显著。括号内为基于稳健标准差（Robust Standard Error）计算的 t 统计量。

五、本章小结

本章通过在 DID 理论模型基础上有机耦合 EKC 分解模型、C－D 模型和供给反应模型，分别构建了测土配方施肥项目对环境与经济影响的区域评价模型，并利用江苏省 52 个县（市）2004～2006 年的面板数据进行实证检验，以期为深入推广测土配方施肥和实现 EKC 曲线的低值超越找寻政策助力点和工作抓手。研究结论表明：

表征测土配方施肥项目参与的 3 个政策变量在 C－D 函数和供给反应函数的固定效应估计中均通过显著性检验，结果表示，在控制其他变量不变的情况下，参加测土配方施肥项目有助于提高样本县（市）种植业总产值，而且效果逐年增加。

环境影响评价的回归结果显示，参与测土配方施肥项目对单位耕地面积化肥施用量的影响并不显著，从影响符号看，参与测土配方施肥项目第 1 年为正，但是第 2 年开始出现负效应。估计结果不显著的原因可能是，江苏省测土配方施肥的配肥原则是"增钾减氮"，项目的推广会使肥料施用结构发生改变，所以掩盖了测土配方对化肥用量的真实效果，但是鉴于数据难以获得，从宏观的县（市）层面上只能得到化肥总用量，并不能区分测土配方施肥项目对氮、磷、钾肥的独立影响，该问题有待利用微观层面的农户数据进行进一步检验。

从 EKC 假说验证角度看，江苏省单位耕地面积化肥投入与宏观经济存在典型的倒 U 型关系，转折点为 16615 元。即随着经济的发展，江苏省单位耕地面积化肥投入呈现先上升后下降的趋势。根据计算，2010 年江苏省 50 个县（市）①中有 26 个县（市）的人均 GDP（2004 年不变价计算）超过拐点，其中苏南、苏中和苏北的比例分别为 54%、38% 和 8%，说明地区发展非常不平衡，亟须加快较落后地区的经济发展，尽早实现 EKC 趋势的低值超越，对减少农业面源污染意义重大。

　　此外，由于本章所使用的数据为 2004 ~ 2006 年的数据，比较陈旧，所以本研究在附录部分补充一个延长时序（1999 ~ 2011 年江苏省县域面板数据）的实证检验，以保证结果的稳健性（见附录 1）。经过比较，两个实证检验的结果基本一致，充分说明结果的稳健性。

---

① 2004 ~ 2008 年江苏省下辖 52 个县和县级市，但是 2009 年通州市被 "撤县设区"，变成南通市通州区，2010 年徐州市铜山县也变成徐州市铜山区，故 2010 年江苏省只有 50 个县和县级市。

第六章　基于农户层面测土配方施肥技术采纳行为及其环境与经济影响评价

在前面的章节中，基于 2004～2006 年江苏省 52 个县（市）的社会经济数据，利用 DID 模型评价了测土配方施肥项目对宏观区域的化肥施用量和种植业总产值的影响。但是要推广测土配方施肥技术，转变肥料资源利用方式，实现农业可持续发展，农户的选择行为是关键的一环，因为农户是农业新技术的最终接受者和应用者，直接关系到一项新技术的应用效果。而且，根据技术扩散理论，当某项可以大幅提高效率或者可以大幅降低成本的技术创新在少数群体里率先使用后，由于其良好的示范作用，众多的群体纷纷加入模仿者的行列。目前，测土配方施肥的技术扩散处于"紧要阶段"向"自我推动阶段"过渡的重要阶段，为此，寻找影响农户采纳测土配方施肥技术的关键因素，实例证明技术采纳的环境和经济效应，对探讨有效激励测土配方施肥技术采纳的政策方案以及该技术的深入推广和规范实施具有重要意义。所以本章试图通过农户调研数据分析影响农户采纳测土配方施肥技术的影响因素，并且从农户层面评价测土配方施肥技术在非实验条件下对环境（化肥投入强度）和经济（水稻单产）产生的真实影响。通过农户层面的实证检验可以及时获得农民的反馈信息，不断完善管理体系、技术体系和服务体系，以期为政府推广测土配方施肥技术，积极引导农户合理施肥，提高肥料利用率，减少肥料浪费，进而从源头遏制农业面源污染提供政策建议。

一、基于农户层面测土配方施肥技术采纳行为及其环境与经济影响评价：理论分析

（一）分析框架

测土配方施肥技术作为现阶段科学施肥体系的核心技术（张琴，2005），属

于环境友好型技术进步。农户层面上测土配方施肥技术对环境与经济的影响是通过农户决策—土地利用行为—影响评价3个过程实现的（见图6-1）。在农户决策阶段，农户选择的内容是测土配方施肥技术的采用与否，该决策受到农户家庭特征、市场因素、制度因素和其他因素等诸多外生给定因素的综合影响。农户在决策阶段的选择结果会直接影响第二阶段的土地利用行为，主要包括化肥施用行为和土地产出率。其中，化肥施用行为包括化肥施用量和化肥施用结构，本研究重点关注化肥施用量（具体区分N、P和K肥的施用情况）的变化。施肥技术进步通过化肥施用行为最终会反映到土地产出率上，农业技术进步使农业生产要素的生产力提高，其实质是单位产品的要素投入减少，所以本研究选取水稻单产表征土地产出率。化肥施用行为和土地产出率的变化除了受到测土配方施肥技术采纳与否的影响之外，还受到第一决策阶段其他因素的影响。第三阶段的影响评价是基于第二阶段的土地利用行为，本研究选择化肥施用量作为环境影响指标，而水稻单产作为经济影响指标。

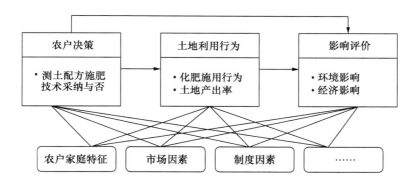

图6-1 基于农户层面测土配方施肥技术采纳的环境与经济影响评价分析框架图

（二）测土配方施肥技术与农户行为的研究综述

1. 影响农户采纳农业新技术的因素综述

国外从20世纪60年代开始就非常重视农户技术采纳行为的影响因素研究，国内的相关研究则起步于20世纪90年代，但是发展特别迅速，现在国内外对农户技术采纳影响因素的理论与实证研究均比较成熟。综述国内外现有的相关文献，可以将影响农户采纳新技术的因素分成以下4大类：农户特征（包括年龄、性别、受教育程度、户主兼业程度与风险偏好）、家庭禀赋（家庭收入和土地经营规模）、技术因素、制度与政策因素。

（1）农户特征。这是影响新技术采纳的重要因素。研究表明，相比年纪大的农户，年轻的农户眼光更长远，更愿意承担一定的风险，因此更愿意采纳农业新技术（Thangata et al.，2003；Chianu et al.，2004；孔祥智等，2004；张东风，2008）。一般认为，受教育程度较高的农户对新事物的把握和适应能力比较强，故采纳新技术的可能性更高，尤其是推广力度不是特别强的新技术（Ervin，1982；Feder et al.，1985；王蔚斌等，2006；高雷，2011）。而宋军等（1998）则认为农户受教育水平不一定与新技术的采用呈正相关，与新技术的性质关系更紧密，其研究表明受教育程度高的农户采用高产技术的可能性比较大，而受教育程度较低的农户则更倾向于选择节约劳动力的新技术。朱明芬等（2001）和张舰等（2002）的研究表明，兼业程度高的农户采纳农业新技术的积极性较低。有研究指出，多数不发达国家或地区的农民或小农是风险规避型的，他们不能承受由任何原因造成的生产损失，通常以"安全第一"作为自己生产行动的准则，所以这类农户采纳农业新技术的可能性相对较低（汪三贵等，1998；王志刚等，2010；徐长清等，2011）。

（2）家庭禀赋。国内外的很多研究表明，农户的家庭禀赋对农业新技术的采纳影响非常明显。研究认为，家庭劳动力数量对农业新技术，尤其是劳动密集型新技术的采纳有促进作用（Thangata et al.，2003；高启杰，2000），但是张云华等（2004）认为家庭人口规模对新技术采纳具有负向效应。Khanna 等（2001）和吴冲（2007）认为土地经营规模越大的农户，越倾向于采用一些新的农业技术。这是由于土地经营规模越大，使用新技术后越容易产生规模效应。林毅夫（1994）对杂交水稻品种的采纳研究中也发现，土地经营规模越大，采纳新技术的可能性越大。家庭收入高的农户有能力承担技术变革带来的损失，即具有更高的抵御风险能力（黄季焜等，1993）。此外，农业收入比重高的农户对增加农业收入的新技术则会比较敏感（韩洪云等，2011）。

（3）技术因素。主要是指技术特性，包括营利性、供给能力、技术本身的优势和特征，如新技术的复杂程度、投资水平、盈利水平、回报周期和风险程度等（徐长清等，2011）。赵绪福（1996）的研究发现，技术在贫困山区的扩散速度与所采用技术成本呈显著的负相关，而与采用技术的经济效益呈显著的正相关。胡瑞法（1994）的研究结果显示，新品种、新技术的采用还受其生育周期、产量水平和抗病性的影响。

（4）制度与政策因素。主要包括新技术的配套政策（如补贴）、推广服务、信息及传播渠道和信贷约束等因素。研究认为，农户与推广人员交流频率和农户参加培训次数均对新技术的采用有积极影响（高启杰，2000；Sheikh et al.，2003；葛继红等，2010）。胡浩等（2008）的研究表明补贴政策对农业新技术的采用影响显著。此外，是否参加过专业协会也被学者认为是影响农户技术采纳的因素之一。李海明（2007）和王志刚（2010）研究发现参加专业协会或者合作社会提高农户对新品种和新技术的需求与采纳决策。董鸿鹏等（2007）的研究发现，政府行政干预推广手段对农户做出技术选择决策的影响还较大，这些技术主要集中在新品种、新机械等方面。

2. 影响农户化肥施用行为的因素综述

化肥施用属于短期生产性投资行为，综述国内外现有的相关文献，可以将影响农户化肥施用行为的因素分成以下四大类：农户家庭特征、土地产权制度、农业政策和其他因素。

（1）农户家庭特征变量。主要包括农户个体特征和家庭特征。农户个体特征主要指农户的年龄、性别和受教育水平等；家庭特征包括非农就业情况、土地和劳动力等资源禀赋等。Croppenstedt 和 Demeke（1996）研究了埃塞俄比亚农户对化肥的消费情况，结果表明，户主的年龄、性别对化肥用量具有负影响，教育水平则在决定是否采用化肥的模型中具有显著正向作用。Asfaw 和 Admassie（2004）同样也以埃塞俄比亚为例，分析了该地区户主和家庭成员的受教育水平与化肥施用量之间的关系，结果显示两者呈正相关。

非农就业活动是影响化肥投入的重要因素之一。何浩然等（2006）利用全国9个省10个县的调查数据分析农户的施肥行为，认为非农就业活动与农民的化肥施用水平呈正相关关系，主要是因为农户从事非农就业无暇顾及农业生产，所以为了保证农产品的产量，农户有可能一次投入大量的化肥；非农就业多也可能由于现金收入的增加而缓解了农户购买化肥时的资金约束，从而导致多施用化肥。何凌云、黄季焜（2001）和俞海等（2003）的研究也证实了这一结论。

家庭资源禀赋，如劳动力、土地资源和资产情况也会影响农户的化肥施用行为。Abdoulaye 和 Sanders（2005）在研究尼日利亚地区化肥施用的决定因素中发现，农户家庭的资产水平和家庭劳动力数量与农户化肥施用量呈显著的正相关。俞海、黄季焜（2003）研究表明，人均耕地面积较少的农户家庭会通过劳动力和农资投入影响的增加来替代耕地的减少，所以单位面积耕地的肥料投入量就会增多。此外，平地的面积、交通状况、土地类型等地块差异也会影响农户的化肥投入行为（Besley，1995；Li et al.，1998）。

（2）土地产权制度变量。相关学者将农村土地产权制度分解为三个部分：地权稳定性、土地交易权稳定性和土地使用权稳定性（Carter et al.，1998；Liu et al.，1996）。土地产权制度对农户化肥投入影响的实证研究较多，但是研究结论主要是土地产权的安全性对绿肥种植和有机肥施用等中长期投资具有显著影响，但是对化肥等短期投资的影响却不显著（Yao & Carter，1996；Li et al.，1998；姚洋，1998）。何凌云、黄季焜（2001）通过对比农户在自留地与口粮田、责任田、转包地和开荒地 4 种产权稳定性依次降低的土地上生产投资行为，结果发现，土地产权的不安全性不但会影响农民对长期性的投入，而且也会影响短期投入，导致化肥的过量施用。

（3）农业政策变量。通过税收管制或补贴方式改变农业生产者的行为，以达到减少化肥施用量，控制农业面源污染是众多学者比较认可的一种方式（Norton et al. ,1994；Shortle & Horan，2001）。实际上，经济合作与发展组织（Organization for Economic Co – operation and Development，OECD）的许多成员国已开始或正在考虑对农用化肥和杀虫剂征税（OECD，1996）。如奥地利从 1986 年开始征收化肥费，尽管税收水平很低，但对化肥施用量有明显抑制作用。然而在中国，学者们对化肥征税的可行性存在分歧。贺缠生等（1998）认为中国实施化肥征税存在很大难度，也有学者认为化肥施用税（费）募集资金的总量较小，对农业经营户的影响较小，但对流域面源污染的控制作用十分明显，所以可以通过市场机制解决，不一定从农户手中收取（刘建昌等，2006）。向平安等（2007）以洞庭湖地区为例模拟了化肥绿色税收措施对农户化肥施用量的影响，结果发现，化肥施用量确实有效减少并促进化肥替代品（如有机肥和生物肥料）的使用增加，但是该研究也指出，因为化肥的需求弹性较小，因此农民负担的税收可能会多于生产者，这会对粮食产量和农民收入造成不利影响。

（4）其他因素变量。有研究认为自然灾害对化肥施用也有影响。何浩然等（2006）的研究结果表明，自然灾害与化肥施用存在负向关系，原因是如果农户所种植的地块遭受过自然灾害，特别是水灾，为了避免施肥被水冲走造成浪费，所以农户可能会减少化肥用量。但是何凌云、黄季焜（2001）的研究则认为，如果土地遭灾，农户反而愿意多施用化肥，因为化肥见效快，有可能减少灾害的损失。

3. 影响农户土地产出率的因素综述

农业生产中，化肥、农药和劳动力等生产要素投入本身是土地产出率中最主要的来源，但是除了投入品之外，农户家庭特征、劳动力和土地资源禀赋、技术进步、政策与制度、环境因素等也是影响作物产出的重要因素。

（1）农户家庭特征变量。主要包括农户个体特征和家庭特征。农户个体特征主要指农户的年龄和受教育年限等。陈诗波（2009）通过对不同地区循环农业发展模式农户产出效益结构方程模型测算与检验，发现农户的自身特征，如家庭经营规模、受教育年限和务农年限等会通过农户的决策、投资和风险规避行为对土地产出率产生影响。其中，农户年龄对农业产出具有正影响，这一结果与陈志刚（2005）的结论吻合。Lucas（1988）、Barro（1997）和罗发友（2002）认为，教育具有正的外部效应，能够直接提高个人能力，激发技术进步和创新，提高产品产量和质量。而孔融融（2011）利用南京市182户农户数据分析水稻单产的影响因素，得出农户年龄和受教育年限与农业产出并不是线性关系的结论，其中，户主年龄与农业生产能力直接存在U型关系，拐点为55岁；而户主受教育年限与农业产出之间存在倒U型关系，拐点为4年。

　　家庭特征变量主要包括家庭规模、家庭收入和家庭资产状况等因素。家庭规模是影响土地产出率非常关键的家庭特征变量，因为人口规模较大的家庭可能需要消费更多的食品，农户家庭会有更大的激励提高粮食产量。但是很多研究表明，家庭规模对农户土地产出率的影响并不显著，进一步说明农户生产和消费决策是整体可分的（Feng，2006；孔融融，2011）。家庭收入也会影响土地产出率，黎红梅等（2010）通过湖南省160个农户玉米产量的影响因素分析，研究结果显示，粮食收入越多，农户越愿意为粮食生产投入更多的精力和财力，所以能获得更高的粮食产量。刘涛等（2008）对南京市西北部274户农户的实证研究也得到相似结论，结果表明，非种植业收入占家庭收入比重对土地产出率具有显著负影响，主要因为农户对种植业的重视程度递减。家庭资产情况可以表征农户家庭经济状况，一方面，反映农户在购买生产资料方面是否受到资金的约束；另一方面，反映农户对农业风险的承担能力。家庭的耐用资产状况是经常被用于代表家庭资产情况的指标。

　　（2）劳动力和土地资源禀赋变量。家庭中不同类型的家庭成员对农业生产活动具有不同的影响，其中劳动力数量对农业生产率的提高具有促进作用（曲小博，2009）；而被抚养人数对生产率则具有抑制作用（Feng，2008）。随着非农就业现象日益凸显，农村劳动力对农业生产的制约作用也越发显著。Rozelle等（1999）分析了劳动力外出务工对玉米生产的影响，结果显示外出务工人数每增加1个，农户的玉米单产就下降14%。de Brauw（2007）对越南水稻生产的研究也得到相似结论。但是马忠东等（2004）利用1992～2000年全国县（市）面板统计数据分析，则得出劳动力外出务工对粮食产出几乎没有影响的结论。

　　农业生产是以土地为依托的活动，所以土地资源禀赋对土地产出率具有至关重要的影响，人均耕地面积是经常用于表征人地关系的指标之一，一方面，如果人均耕地面积较小，土地会倾向于集约经营方式，精耕细作有利于提高土地产出（Bardhan，1973；高梦滔、张颖，2006；马贤磊，2008；方鸿，2010）；另一方面，人均耕地面积较大容易形成规模经营，而土地经营规模适度扩大反而能促进土地产出率的提高（韩俊，1998；夏永祥，2002；钱贵霞、李宁辉，2005；Feng，2006；孔融融，2011）。胡初枝、黄贤金（2007）对江苏省铜山县104户农户的实证研究，充分证明土地经营规模对土地产出率的两面性：土地经营规模对土地产出率具有正效应，但是农户土地产出率随土地经营规模扩大出现规模报酬递减趋势，该研究区域的农业生产拐点在 14.17 亩。此外，土地质量对土地产出率的影响不容忽视，一般认为，土地质量对土地产出率具有正影响（姚洋，1998；Feng，2008）。

（3）技术进步变量。农业技术进步在农业生产中的贡献很早就受到相关学者的重视，一般的做法是通过 C - D 生产函数、随机生产前沿函数（SFA）或者 DEA 分析方法对农业生产的各个贡献因素进行分解。但是早期的研究往往将技术因素看作是外生给定的，被简单地以时间趋势作为替代变量（McMillan et al.，1989；Fan，1991；Lin，1992；朱希刚、史照林，1993；顾焕章等，1993）。但是 Huang 和 Rosegrant（1993）认为，农业技术的进步、创新及其推广并非外生的，技术的产生和发展是由模型本身产生，即是内生的变量。黄季焜、Rozelle（1993）利用 1975 ~ 1990 年中国南方 13 个省份的水稻生产统计数据，分析杂交稻和稻作制度两种技术推广和采用的决定因素以及对水稻生产力增长贡献的研究中，考虑到农业技术采纳决策的内生性问题。

（4）政策与制度变量。土地产权的稳定性对土地产出率的影响比较模糊。姚洋（1998）通过对江西、浙江两省 449 户农户的计量研究发现，稳定的土地产权对土地产出率并没有显著的正面效应。而廖洪乐等（2003）的研究则表明土地调整的频率会降低土地的产出效率，其影响途径是降低要素配置效率和减少农户对土地的长期投入。Jacoby 等（2002）和 Li 等（2000）从农户福利角度分析了土地产权不稳定性带来的影响，结论表明稳定的土地产权对产出效率的增加作用是微小的。

（5）环境因素变量。虽然技术进步对农业生产的重要性日益提高，但是作物生产毕竟还是要"靠天吃饭"的农业活动，气候和天气条件等环境条件对作物生产具有决定性作用。马九杰（1999）研究表明，在农产品与农资比价、国家财政支农支出和自然灾害等因素中，自然灾害对农业产出增长影响最大，其对粮食产量增长的影响程度大于对整个种植业总产值增长的影响程度。黄季焜、Rozelle（1993）基于 1975 ~ 1990 年的省际时间序列数据的实证分析也指出，水土流失、盐渍化和自然灾害对粮食单产具有显著影响。很多关于农业生产效率的研究中，都会将受灾情况纳入影响因素中（吴玉鸣，2004；亢霞、刘秀梅，2005；方鸿，2010）。此外，还有研究表明，自然灾害不仅使当年粮食减产，而且还会影响灾后若干年的粮食生产（张成龙等，2009）。

4. 测土配方施肥技术对土地产出率的影响综述

测土配方施肥工作的历史发展可以追溯到 20 世纪 30 年代末德国米切里希的工作（黄德明，2003）。纵观测土配方施肥技术在我国的发展和应用，奠基性工作始于 1979 ~ 1989 年历时 10 年的全国第二次土壤普查，90 年代各种形式的测土配方施肥工作在全国广大地区推行。多年来农业科学家与土壤肥料工作人员在测土配方施肥方面的研究日益增多，研究工作主要集中在测土配方施肥技术的推广研究、基于 GIS 平台研发测土配方施肥方案决策系统（Heermann et al.，2002；盛建东、李荣，2002；Whipker & Akridge，2007；夏波等，2007；唐秀美等，2008；李贤胜等，2008）以及对该技术影响的评价。其中，对测土配方施肥技术影响评价主要是基于田间试验结果，通常做法是对比常规施肥和测土配方施肥等不同处理下的作物生物性状、产量以及肥料利用率等（谭金芳等，2003；周晓舟、唐创业，2008；王淑珍等，2008；张家宏等，2008；王坤等，2009；胡思彬、潘大桥，2009；侯云鹏等，2010；黄国斌、李家贵，2010）。国内基于经济统计工具评价测土配方施肥技术效果的研究并不多，目前只有张成玉等人的两个代表作，一是通过 PMP 模型分析种植水稻和小麦的农户采用测土配方施肥技术的经济效益（张成玉等，2009）；二是构建了线性的单产函数，研究采用测土配方施肥技术农户与未采用农户相比氮、磷和钾养分对水稻、小麦和玉米的边际产出差异（张成玉、肖海峰，2009）。

（三）基于农户层面测土配方施肥技术环境与经济影响评价理论模型

国内外很多学者对农户决策与农业生产关系的理论模型进行实证检验。Feder 等（1988）从农户层面上研究了泰国土地产权安全性与土地产出率之间的关系。Place 和 Hazell（1993）利用撒哈拉以南非洲地区（加纳、肯尼亚和卢旺达）农户层面的数据，对当地土地产权体系对农民土地保护性投资、生产性投资、农村信贷以及土地生产率的影响进行研究。本研究试图基于农户行为理论，将农户决策与农业生产理论模型应用到太湖流域中，利用农户调研数据实证检验测土配方施肥技术采纳决策的环境影响（化肥施用量）和经济影响（水稻单产）。测土配方施肥技术采纳、化肥施用量与水稻单产的逻辑关系可以用以下的结构方程组表达：

$$F = f(Z^h,\ Z^r,\ \overline{L},\ \overline{A},\ w,\ p^i,\ p^o,\ Z^{IV}) \tag{6-1}$$

$$X = f(Z^h,\ Z^r,\ \overline{L},\ \overline{A},\ w,\ p^i,\ p^o,\ F,\ Z^{IV'}) \tag{6-2}$$

$$Y = f(L,\ A,\ K,\ X,\ S) \tag{6-3}$$

方程（6-1）是农户采纳测土配方施肥技术决策方程，F 表示农户是否采纳测土配方施肥技术。农户对测土配方施肥技术采纳决策受到以下因素影响：Z^h 代表农户家庭特征变量；Z^r 表示风险变量；$\overline{L}$ 表示家庭劳动力资源禀赋状况；$\overline{A}$ 代表家庭土地资源禀赋状况；w 是指劳动力工资水平；p^i 是指非劳动力投入品价格；p^o 表示作物产出（水稻）的出售价格；Z^{IV} 表示技术信息特征变量，用作决策方程的工具变量。

方程（6−2）是化肥施用量方程，X 是农户单位耕地面积施肥量，该因变量除受到农户家庭特征变量（Z^h）、风险变量（Z^r）、家庭劳动力资源禀赋（$\overline{L}$）、土地资源禀赋（$\overline{A}$）以及一些价格变量（w、p^i 和 p^o）的影响以外，还受到方程（6−1）测土配方施肥技术采纳决策（F）的影响；$Z^{IV'}$ 表示影响农户化肥施用行为的工具变量。

方程（6−3）是农户土地产出率的方程，Y 表示水稻单产。农户土地产出率决定于劳动力投入（L）、土地投入（A）、资本投入（K）、化肥投入（X）以及其他投入品（S）的投入量。为了直接检验农户决策对土地产出率的影响，可以将结构方程中的土地产出率方程改写成产出供给方程（Place & Hazell，1993）。产出供给方程是一种简化式方程，解释变量中只选取外生变量，相关投入品并不引入简化式方程，本研究中化肥投入和土地产出率方程的简化式如下：

$$X = f(\hat{F},\ Z^h,\ Z^r,\ \overline{L},\ \overline{A},\ w,\ p^i,\ p^o) \qquad (6-4)$$

$$Y = f(\hat{F},\ Z^h,\ Z^r,\ \overline{L},\ \overline{A},\ w,\ p^i,\ p^o) \qquad (6-5)$$

方程（6−4）与方程（6−5）中 $\hat{F}$ 表示方程（6−1）中测土配方施肥技术采纳决策的预测值，其余变量含义与上述结构方程组中的一致。

二、基于农户层面测土配方施肥技术采纳行为及其环境与经济影响评价：实证检验

（一）基本模型识别与估计方法

1. 基本模型识别

上节的理论模型假设了一些可能影响农户采纳测土配方施肥技术决策、化肥施用量和土地产出率的因素，其中技术采纳决策变量是二阶变量，化肥施用量和土地产出率是连续变量。影响测土配方施肥技术采纳、化肥施用量和水稻单产因素的简化式模型可以表示为：

$$F = \alpha_0 + \alpha_1 Z^h + \alpha_2 Z^r + \alpha_3 \overline{L} + \alpha_4 \overline{A} + \alpha_5 Z^D + \alpha_6 Z^{IV} + \varepsilon \qquad (6-6)$$

$$X = \beta_0 + \beta_1 \hat{F} + \beta_2 Z^h + \beta_3 Z^r + \beta_4 \overline{L} + \beta_5 \overline{A} + \beta_6 Z^D + \eta \qquad (6-7)$$

$$Y = \gamma_0 + \gamma_1 \hat{F} + \gamma_2 Z^h + \gamma_3 Z^r + \gamma_4 \overline{L} + \gamma_5 \overline{A} + \gamma_6 Z^D + \lambda \qquad (6-8)$$

方程内具体变量含义如下：

方程（6−6）检验各因素对农户采纳测土配方施肥技术的影响，其中，F 表

示农户是否采纳测土配方施肥技术，如果 F ＝ 1，说明采用测土配方施肥；F ＝ 0 则表示没有采用测土配方施肥。Z^h 代表农户家庭特征变量，如家庭规模、家庭成年人口平均年龄、平均受教育年限以及家庭耐用资产状况等；Z^r 表示风险变量，包括农户主观风险指数和抗灾能力；$\overline{L}$ 表示家庭劳动力资源禀赋状况；$\overline{A}$ 代表家庭土地资源禀赋状况；劳动力工资水平、非劳动力投入品价格和水稻出售价格等变量都是由市场决定的，属于外生变量，假设对同一个城市的农户是相同的，则价格变量可以通过城市的地区虚拟变量（Z^D）来反映。此外，在测土配方施肥技术决策中，选取了一个技术信息特征变量（Z^{IV}），作为下一步解决技术采纳决策内生性问题的工具变量。

方程（6 - 7）检验测土配方施肥技术对农户化肥施肥强度的影响。X 表示农户单位耕地面积的化肥施肥量（折纯量），具体包括四个指标[①]：N 肥、P 肥、K 肥用量和 NPK 折纯总量（斤/亩），解释变量中，农户家庭特征变量（Z^h）、风险变量（Z^r）、家庭劳动力资源禀赋（$\overline{L}$）、土地资源禀赋（$\overline{A}$）以及地区虚拟变量（Z^D）的定义与选择均与方程（6 - 6）一致，（$\hat{F}$）是测土配方施肥技术变量的预测值。

方程（6 - 8）检验测土配方施肥技术对土地产出率的贡献，方程与化肥方程具有相同的结构与解释变量，Y 代表农户单位面积土地上的水稻产量（斤/亩）。水稻单产方程中引入的解释变量的定义与选择均与方程（6 - 7）完全一致。

另外，方程中的 α_i、β_i 和 γ_i 为各方程的待估系数；ε、η 和 λ 分别表示各个方程的残差项。

2. 估计方法

在整个农业生产模型中，测土配方施肥技术变量在影响化肥施用强度和水稻产量的同时，该变量也受到模型中其他自变量的影响，即存在内生性问题，而内生变量的存在可能会使模型估计结果有偏差。所以在估计方法上，为了分析测土配方施肥技术的环境影响（化肥施用量）和经济影响（水稻单产），同时考虑测土配方施肥技术采纳的内生性问题以及方程之间可能存在的误差项自相关问题，使用二阶段最小二乘法（Two - Stage Least Squares，TSLS）是比较理想的估计方法。但是由于测土配方施肥技术采纳决策是一个二分变量，而 TSLS 并不能完全适用。

因此，最终选择单方程估计方法对方程（6 - 6）～ 方程（6 - 8）分别独立估

---

① 因为研究区域测土配方施肥的配方原则是"减氮增钾"，所以该技术对每种单质肥的影响存在差异，有必要进行区分研究。

计，并根据因变量的特性选择不同的估计方法。具体做法是：首先，对方程（6-6）农户采纳测土配方施肥技术的决策行为进行估计；其次预测农户采纳该技术的可能性；最后将该预测值作为农户实际采纳测土配方施肥技术情况的一个工具变量代入方程（6-7）化肥施用量方程和方程（6-8）水稻单产方程进行回归。其中，测土配方施肥技术采纳决策是一个二分变量，因此选用 Probit 模型估计，而单位耕地面积化肥施用量、水稻单产是连续变量，故选用最小二乘法（Ordinary Least Square，OLS）进行估计。在所有的估计中，对标准差的估计均考虑了可能存在的异方差问题。

（二）变量选择与定义

通过前文对国内外相关研究对农户新技术采纳、化肥用量和土地产出率影响因素的综述，本文将影响测土配方施肥技术采纳、化肥施用量和土地产出率（三者为被解释变量）的因素分成：技术信息特征、农户家庭特征、土地资源特征、风险因素和地区虚拟因素五类，从中选取若干解释变量，表6-1汇总了相关变量的名称、单位、定义以及对测土配方施肥技术变量（F）、化肥施用量变量（X）、水稻单产（Y）的预期影响方向。

1. 测土配方施肥技术变量

测土配方施肥技术变量（F）是本研究关注的关键变量，其既是被解释变量又是解释变量。从调研问卷中可以获取农户是否采用测土配方施肥技术的信息（1 = 是；0 = 否）。但是如前文所述，农户采纳该技术与否的变量本身具有内生性，故在实证模型中不能简单将该变量的真实值作为解释变量代入方程，而应该使用农户采用测土配方施肥技术可能性的预测值表征该技术的使用情况。测土配方施肥技术能够有效平衡肥料配比，减少化肥用量，提升养分利用率，而研究区域的配方原则是"增钾减氮"，故预期该变量对 N 肥、P 肥和化肥折纯总量的影响为负，对 K 肥具有正效应，而农户的水稻单产具有正影响。

2. 化肥施用量变量

化肥施用量变量（X）具体包括4个指标：水稻作物上单位耕地面积的 N 肥折纯量（斤/亩）、P 肥折纯量（斤/亩）、K 肥折纯量（斤/亩）和化肥折纯总量（斤/亩）。

3. 土地产出率变量

衡量农户土地产出率最直接的变量就是作物产量，本研究使用农户单位面积土地上的水稻产量（斤/亩）（Y）表示农户土地产出率水平。水稻单产变量被定义为农户的水稻总产量与水稻总播种面积的比率。

4. 技术信息特征变量

技术信息特征变量是农户采纳测土配方施肥技术决策的工具变量。一般认为，农业技术信息的可获得性会显著影响农户对新技术的采纳。本研究拟采用上一年与推广人员交流频率（次）作为农业技术信息可获得性的代理变量。高启杰（2000）和Sheikh（2003）研究表明，农户与农技推广人员交流频率对采纳新技术有积极影响。故预期该变量对测土配方施肥技术的采用有正效应。

5. 农户家庭特征

影响农户土地产出率的农户家庭特征（家庭一般特征变量 Z^h 与劳动力变量 $\bar{L}$）主要包括：家庭规模（人）、成年人口平均年龄（岁）、成年人均受教育年限（年）和家庭耐用资产种类（种）。家庭规模是指家庭的总人口数。一般认为，农户家庭人口越多，越不容易采用新技术（张云杰等，2004）。家庭规模越大，家庭对粮食需求越大，因此农户提高农业生产率的激励越强烈，可能会加大化肥等投入品的使用以期获得更高的产量。预期该变量与新技术采纳呈负向关系，而对水稻单产和化肥施用量均具有正影响。

成年人均年龄和平均受教育年限能够反映劳动力质量，表征农户对新事物接受的能力和农业生产的相对效率。一般来说，成年人口平均年龄意味着农户在农业生产中经验积累的多少，年龄大的农户具有更多耕作经验，在施肥量方面可能会比较保守。而成年人口平均受教育水平则说明人力资本潜能的大小，受教育年限较多的农户可能具有更高的农业生产技能，对化肥施用过量的危害更了解，懂得进行科学施肥和现代化生产管理，往往具有更高的生产率，化肥用量也会比较合理。因此，预期成年人均年龄和平均受教育年限对化肥用量均具有负向影响，而对水稻单产具有正向影响。此外，研究表明年纪较轻、受教育程度较高的农户对新事物的把握和适应能力比较强，故采纳新技术的可能性更高（Feder et al.，1985；Thangata et al.，2003；高雷，2011）。故预期年龄与新技术采纳呈负向关系，而受教育程度与新技术采纳为正向关系。实证模型还引入家庭成年人均年龄和平均受教育程度的平方项，希望捕捉农户的生命周期效应。

此外，家庭耐用资产种类[①]衡量家庭的富裕情况，越富有的农户家庭越有能力承担技术变革带来的损失，会更愿意尝试新技术（黄季焜、Rozelle，1993）；家庭资产殷实的农户在农业生产过程中面临的困难（如资金问题）会较少，也会有更多资金用于购买化肥等投入品，应该会促进土地生产率的提高，而且越富有的家庭越趋向于消费更多的粮食（Feng et al.，2010），因此，预期该变量对测土配方施肥技术采纳、化肥强度和水稻产出均有正影响。

---

① 耐用资产主要指电视、手机、空调、冰箱、电脑、洗衣机和交通工具等耐用品。

6. 土地资源禀赋变量

土地资源禀赋变量（Ā）主要包括成年人口人均承包水田面积[1]、土壤贫瘠指数和土地调整情况三个变量。研究表明，土地经营规模与新技术采纳之间存在正向关系（Khanna，2001；吴冲，2007）。另外，成年人均承包水田面积越多，越容易形成规模效应，既能够减少单位面积化肥用量，又能促进土地产出率的提高（韩俊，1998；夏永祥，2002）。因此，我们预期该变量对测土配方施肥技术采纳和水稻产量具有正效应，对化肥用量有负效应。

表征土地肥力状况的指标——土壤贫瘠指数（1＝非常好；2＝好；3＝一般；4＝差）衡量土地生产能力，直接影响作物产出水平。农户可能会在质量较差的土地上多投入化肥，因为质量较差土地上化肥投入的边际产出可能会高于质量较好土地上等量化肥投入的边际产出。另外，研究表明土地质量对土地产出具有正向影响（姚洋，1998；Feng et al.，2010）。因此，预期土壤贫瘠指数对化肥施用有促进作用、对水稻单产有负向效应，但是对测土配方施肥技术采纳的影响不确定。

研究表明，土地产权的安全性会影响农户的短期投资（如化肥、农药）和土地产出率，土地不安全性会削弱农户土地上的长期投资，而为了保证短期农业产量不减少，农户势必增加化肥等短期投资弥补长期投资的不足（马贤磊，2008），但也有研究表明，稳定的产权会提高土地产出效率（Jacoby et al.，2002；廖洪乐等，2003），但是对化肥投入的影响不确定（何凌云、黄季焜，2001），所以考虑将土地产权安全性引入模型。调查中询问农户自1998年以来是否存在土地调整以及调整的次数，本研究最终选取是否经历过土地调整（1＝是；0＝否）作为反映农地产权稳定性的变量，并预期土地调整经历对测土配方施肥技术采纳和化肥投入的影响不确定，而对水稻单产具有负的影响。

7. 风险因素变量

风险因素变量（Z^r）主要包括以下两方面的内容：一是农户面对风险的反应以及对风险的规避能力；二是农户面对风险的态度（主观风险态度）。研究中选取水稻是否遭灾（1＝是；0＝否）表示农户规避风险的能力，有研究表明，如果土地遭灾，农户可能会通过多施用化肥减少灾害的损失（何凌云、黄季焜，2001）；也有研究持相反意见，认为为了避免灾害造成化肥浪费反而会减少化肥施用（何浩然等，2006）。因此预期水稻受灾情况对新技术采纳化肥施用的影响是模糊的，对产量具有负影响。为了获取农户的主观风险指数，调研中采用农户对5个测度事件描述进行1到5的级别评分，1表示完全不同意该观点，5表示完全同意该观点。5个

---

① 调研区域的耕作方式为一年两熟，轮作体系一般为水稻—小麦轮作或者水稻—油菜轮作。其中水稻只种植在水田上，旱地主要种植小麦、油菜和蔬菜等。因为本研究重点为水稻生产，所以采用人均承包水田面积作为变量。

测度事件分别是：①我从来不会在村子里第一个种植一个新品种，因为这样干的风险太大了；②如果我发现干某项事很赚钱，我会准备借钱进行投资，虽然也有赔本的可能；③我一般喜欢种植价格变化不大的农作物品种，虽然赚钱不多，但是很安全；④我们这里太穷，不冒险富不起来；⑤我一般喜欢买各种彩票，运气好的话可能会赚很多钱。最后通过求 5 个观点的评价等级分数的平均值作为农户的主观风险指数①，主观风险指数越高，农户越偏好风险，越可能通过利用科学先进方法提高生产管理能力，越有可能采用新技术，进而提高农业产出。

8. 地区因素变量

地区因素变量主要用来反映地区之间某些难以观察的系统差异，包括地形、地理位置、政策差异和市场差异等。本研究的数据来自无锡、常州和镇江 3 市，以无锡市作为对照组，选择常州市和镇江市作为地区因素变量表征地区差异。根据农户调研数据判读 3 市测土配方施肥技术采用率、化肥施用量和水稻单产的高低，无锡市测土配方施肥技术采用是最高的；无锡市的施肥量高于常州市，而低于镇江市；至于水稻单产，常州市是相对最高，无锡市其次，镇江市最低。

表 6-1　基于农户层面测土配方施肥技术环境与经济影响评价模型中
相关变量定义与预期影响方向

	变量名称	单位	定义	预期影响		
				F	X^b	Y
			测土配方施肥技术			
	测土配方实际使用	0/1	调研中农户对测土配方施肥技术的实际采纳情况			
			化肥施用量			
被解释变量	N 肥折纯量	斤/亩	单位耕地面积的 N 肥施用折纯量			
	P 肥折纯量	斤/亩	单位耕地面积的 P 肥施用折纯量			
	K 肥折纯量	斤/亩	单位耕地面积的 K 肥施用折纯量			
	化肥折纯总量	斤/亩	单位耕地面积的 NPK 肥折纯总量			
			土地产出率			
	水稻单产	斤/亩	水稻总产量与水稻总播种面积的比率			

①　在计算农户主观风险指数中，由于 5 个观点评价等级评分所表示的风险态度方向并不一致，第 1 个和第 3 个观点评价等级分数越高说明农户风险厌恶程度越高（风险厌恶指数）；而其余 3 个观点的评价等级分数越高则表示该农户的风险偏好程度越高（风险偏好指数），为了获得方向一致（风险偏好程度递增）的评价指数，对第 1 个和第 3 个观点的评价分数进行了处理。具体做法是用 6 减去该评分，则得到相应的分数。

续表

	变量名称	单位	定义	预期影响		
				F	X[b]	Y
解释变量	测土配方施肥技术					
	测土配方使用情况[a]	0～1	农户采纳测土配方施肥技术的可能性（预测值）	/	-	+
	技术信息特征因素（工具变量）					
	上一年与农技推广人员交流的次数（次）	次	上一年农户与农技推广人员的接触交流次数	+	/	/
	农户家庭特征					
	家庭规模	人	家庭总人口	-	+	+
	成年人均年龄	岁	家庭成年人口的平均年龄	-	-	+
	成年人均受教育年限	年	家庭成年人口的平均受教育年限	+	-	+
	家庭耐用资产种类	种	家庭拥有的耐用资产的种类数量	+	+	+
	土地资源特征					
	人均承包水田面积	亩/人	承包水田总面积/家庭成年人口数量	+	-	+
	土壤贫瘠指数	1～4	1＝非常好；2＝好；3＝一般；4＝差	?	+	-
	土地调整情况	0/1	1998～2007年，家中土地是否经过调整：1＝是；0＝否	?	?	-
	风险因素					
	农户主观风险指数	1～5	1＝风险厌恶，5＝风险偏好，1到5风险偏好程度递增	+	?	+
	自然灾害	0/1	水稻在调研年份（2007年）是否受灾：1＝是；0＝否	?	?	-
	地区虚拟变量（以无锡市为对照组）					
	常州市	0/1	1＝常州市	-	-	+
	镇江市	0/1	1＝镇江市	-	+	-

注：a. 实证模型中测土配方施肥技术采纳决策变量是通过Probit模型回归预测的可能性（Possibility）。

b. 本研究中化肥用量X一共选取N、P、K肥和化肥折纯总量4个指标，但是除测土配方施肥变量外，其他变量对该4个指标的影响方向是一致的，所以在此无须逐一独立说明。

（三）变量描述性统计分析

表6－2描述了上述列举变量的基本特征。参与模型估计的样本共有221个，

其中，44%来自无锡市、35%来自常州市、21%来自镇江市。

表6-2　基于农户层面测土配方施肥技术环境与经济影响评价模型中相关变量的描述性统计

	变量名称	无锡市样本	常州市样本	镇江市样本	总样本
	样本数量（个）	97	77	47	221
	测土配方施肥技术				
被解释变量	测土配方实际使用（0/1）	0.30 (0.05)	0.10 (0.04)	0.28 (0.06)	0.23 (0.03)
	化肥施用量				
	N肥折纯量（斤/亩）	48.53 (1.81)	47.55 (2.06)	57.04 (3.04)	50.00 (1.23)
	P肥折纯量（斤/亩）	7.63 (0.46)	8.22 (0.52)	8.79 (0.58)	8.08 (0.30)
	K肥折纯量（斤/亩）	8.83 (0.40)	8.68 (0.56)	10.28 (0.59)	9.09 (0.29)
	化肥折纯总量（斤/亩）	64.99 (2.28)	64.46 (2.54)	76.12 (3.47)	67.17 (1.55)
	土地产出率				
	水稻单产（斤/亩）	973.99 (17.03)	1002.4 (19.15)	907.02 (23.34)	969.63 (11.38)
	测土配方施肥技术				
解释变量	测土配方使用情况	0.30 (0.02)	0.10 (0.01)	0.28 (0.02)	0.23 (0.01)
	技术信息特征变量（工具变量）				
	上一年与农技推广人员交流的次数（次）	1.41 (0.23)	1.82 (0.25)	0.55 (0.19)	1.37 (0.14)
	农户家庭特征				
	家庭规模（人）	3.38 (0.12)	3.58 (0.14)	3.70 (0.17)	3.52 (0.08)
	成年人口数量（人）	3.15 (0.10)	3.34 (0.11)	3.38 (0.14)	3.27 (0.07)
	成年人均年龄（岁）	50.11 (1.06)	48.07 (1.03)	47.81 (1.42)	48.91 (0.66)

续表

变量名称	无锡市样本	常州市样本	镇江市样本	总样本
样本数量（个）	97	77	47	221
农户家庭特征				
成年人均受教育年限（年）	7.76 (0.27)	8.21 (0.28)	7.95 (0.29)	7.95 (0.17)
家庭耐用资产种类（种）	7.61 (0.22)	8.00 (0.21)	7.21 (0.37)	7.66 (0.14)
土地资源特征				
人均承包水田面积（亩/人）	1.58 (0.30)	1.34 (0.16)	1.32 (0.14)	1.44 (0.15)
土壤贫瘠指数（1~4 肥力递减）	2.20 (0.08)	2.36 (0.07)	2.39 (0.11)	2.30 (0.05)
土地调整情况（1=是；0=否）	0.15 (0.04)	0.19 (0.05)	0.45 (0.07)	0.23 (0.03)
风险因素				
农户主观风险指数（1~5 风险偏好递增）	2.31 (0.08)	2.34 (0.09)	2.38 (0.11)	2.34 (0.05)
自然灾害（1=是；0=否）	0.45 (0.05)	0.45 (0.06)	0.60 (0.07)	0.48 (0.03)
地区虚拟变量				
无锡市（对照组）				0.44 (0.03)
常州市（1=常州市）				0.35 (0.03)
镇江市（1=镇江市）				0.21 (0.03)

注：实证模型中测土配方施肥技术采纳决策变量是通过 Probit 模型回归预测的可能性（Possibility）。表中系数为平均值，括号中为标准差。如无特殊说明，本章余同。

从施肥量看，无锡市和常州市的 NPK 折纯总量比较接近，分别为 64.99 斤/亩和 64.46 斤/亩，均比镇江市（76.12 斤/亩）低。但是具体到 N 肥、P 肥和 K 肥的情况则存在较大差异，尤其是 N 肥用量，镇江市亩均 N 肥施用量比无锡和常州高 10 斤左右。2007 年调研区域测土配方施肥技术（实际值和预测值情况一致）的采用率均比较低，仅有23%，其中无锡市（30%）和镇江市（28%）总样本的平均水稻产量为969.63斤/亩，3市单位面积的水稻产量存在明显差异，统计结果表明，常州市水稻单产最高，平均值达1002.40斤/亩，无锡市其次，平均值为973.99斤/亩，镇江市最低，平均值仅为907.02斤/亩。实际采用测土配方施肥技术的农户明显高于常州市（10%）。根据理论分析，使用测土配方施肥技术会促进作物产量的提高，但是从农户土地产出率（水稻产量）与测土配方施肥技术的描述性统计分析发现，测土配方施肥技术采用率最低的常州市的土地产出率反而最高，这与理论预期并不一致，但是考虑到作物产出会同时受到多种因素的影响，如区域的地理位置、气候和历史等因素，所以需要通过控制其他影响变量的计量回归分析来进一步探讨两者之间的关系。

从农户家庭特征看，总体而言，所有农户的平均家庭规模为3.52人，每户平均拥有3.27个成年人口，每户家庭成年人口的平均年龄为48.9岁，平均受教育年限为7.95年。具体而言，镇江市平均家庭规模最大，平均每户达到3.70人，常州市稍低，为3.58人，无锡市最低，仅有3.38人，相应的3市的平均家庭成年人口数量也呈相同趋势，镇江市最多（3.38人），常州市次之（3.34人），无锡市最少（3.15人）。表征劳动力质量的家庭成年人平均年龄和平均受教育年限存在较明显的组间差异。无锡的每户家庭成年人均年龄为50岁，明显高于常州市和镇江市（48岁左右），而无锡的家庭成年人均受教育年限却是最低的，为7.76年，分别比常州和镇江市的家庭成年人均受教育年限低半年左右。家庭的耐用资产种类表明，常州市平均每户的家庭耐用资产（农户拥有的家电种类）最多（8种），无锡市稍低，为7.61种，镇江市最低，仅有7.21种，这也意味着镇江市的农户在进行农业生产过程中可能会遇到更多资金阻碍，造成较低的农业生产率。

从土地资源特征看，每个样本农户家庭平均每个成年人口拥有1.44亩承包水田，平均土地贫瘠指数为2.30，土壤质量属于中上水平。此外，1998~2007年，所有样本中有23%的农户经历过土地调整。3市情况具体如下：3市家庭成年人口平均承包水田面积差异明显，无锡市最多，平均每个劳动力的承包地面积为1.58亩，明显高于常州市（1.34亩）和镇江市（1.32亩）。虽然调研区域处于长江下游的"鱼米之乡"，土地肥力相对比较肥沃，但根据统计分析，3地之间依然存在一定差异，无锡土地贫瘠指数较低（2.2），常州市和镇江市的土地贫瘠指数稍高，达到2.4左右，说明无锡的土壤肥力优于常州市和镇江市。反映土地产权安全性的土地调整变量分析说明，镇江市经历过土地调整的情况最严重，高达0.45，远远高于无锡市（0.15）和常州市（0.19），充分说明镇江市的土地产权安全性最低。

总体的农户主观风险指数为 2.34，说明农户的风险态度还是以风险中立稍偏风险厌恶为主。无锡、常州和镇江 3 市农户的主观风险指数差异并不明显，平均值分别为 2.31、2.34 和 2.38，从农户的受灾情况看，调研区域的水稻在调研年份（2007 年）遭受较严重的自然灾害，受灾率达到 48%，其中，镇江的受灾情况最严重，高达 60%，无锡和常州市相对较低，但是受灾率也达到 45%。

（四）独立样本 t 检验

实证检验的第一步是运用 Probit 模型对农户采纳测土配方施肥技术行为进行影响因素分析，为了验证影响农户采用测土配方施肥技术各种因素的均值是否存在显著差异性，下面将对各因素进行独立样本 t 检验，结果如表 6-3 所示。

表 6-3　测土配方施肥技术采用影响因素的独立样本 t 检验

变量名称	测土配方施肥技术采用情况		均值 t 检验
	采用样本	未采用样本	
样本数量（个）	50	171	
技术信息特征（工具变量）			
上一年与农技推广人员交流的次数（次）	2.02 (0.35)	1.18 (0.15)	0.84 (0.34)***
农户家庭特征			
家庭规模（人）	3.50 (0.16)	3.53 (0.09)	-0.03 (0.19)
成年人均年龄（岁）	46.57 (1.37)	49.59 (0.75)	-3.02 (1.58)**
成年人均受教育年限（年）	8.09 (0.31)	7.92 (0.20)	0.17 (0.40)
耐用资产种类（种）	8.08 (0.24)	7.54 (0.17)	0.54 (0.34)
家庭土地资源特征			
人均承包水田面积（亩/人）	1.83 (0.53)	1.33 (0.11)	0.49 (0.35)
土壤贫瘠指数（1~4 肥力递减）	2.24 (0.11)	2.31 (0.06)	-0.06 (0.12)
土地调整情况（1 = 是；0 = 否）	0.24 (0.06)	0.23 (0.03)	0.01 (0.07)

变量名称	测土配方施肥技术采用情况		均值 t 检验
	采用样本	未采用样本	
风险因素			
农户主观风险指数（1～5 风险偏好递增）	2.45	2.30	0.015
	(0.10)	(0.06)	(0.12)
自然灾害（1＝是；0＝否）	0.48	0.49	－0.01
	(0.07)	(0.04)	(0.08)
地区虚拟变量			
无锡市（对照组）	0.58	0.40	0.18
	(0.07)	(0.04)	(0.08) **
常州市（1＝常州市）	0.16	0.40	－0.24
	(0.05)	(0.04)	(0.08) ***
镇江市（1＝镇江市）	0.26	0.20	0.06
	(0.06)	(0.03)	(0.06)

注：最后一列均值 t 检验中的平均值为采用和不采用测土配方施肥技术两组农户样本平均值的差值。
、* 分别表示在 5% 和 1% 的水平上两组农户的均值存在显著差异。

农户家庭特征变量中，采用测土配方施肥技术的农户样本与未采用农户样本的家庭规模相当，均为 3.5 人，虽然两组样本家庭成年人口数量存在微弱差异（0.16 人），但是均值的 t 检验值显示并没有通过显著性检验。说明单纯从劳动力数量上看，采用农户样本和未采用农户样本并没有明显差异。采纳该技术农户样本的家庭成年人口平均年龄为 47 岁，而未采纳农户样本为 50 岁，均值 t 检验显示两组存在显著差异，说明年轻的农户家庭更愿意采纳测土配方施肥技术。

与未采用测土配方施肥技术组的农户家庭相比，采用组的农户家庭的人均承包水田面积、土地贫瘠指数、土地调整情况、农户主观风险指数等变量并没有统计上显著的差异。技术信息特征变量中（Z^{IV}），作为测土配方施肥技术采纳情况的工具变量，表征农业信息可获得性的上一年农户与农技人员交流次数在两组的均值间存在显著差异（采用组为 2.02 次，未采用组为 1.18 次）。说明采用组的农户明显与农技推广人员交流的频率更高，一般而言，与推广人员交流越多，越有利于农户了解到新的技术，从而提高其对新技术的了解与采纳，所以，农户与农技推广人员的频繁交流，能提高农业信息的可获得性，有助于其采用测土配方施肥技术，这与预期是一致的。

地区虚拟因素变量独立样本 t 检验结果显示，无锡市采纳测土配方施肥技术的农户占所有采用组样本的 58%，未采用的农户占所有未采用组样本的 40%；相应地，常州市所占的比例分别为 16% 和 40%，两市的均值 t 检验值均表示通过显著性检验。这说明，各影响因素在无锡市和常州市的测土配方施肥技术采用农户和未采用农户间存在显著差异。

（五）模型估计结果与分析

如前文所述，实证模型的第一步采用 Probit 模型对影响农户是否使用测土配方施肥技术的因素进行估计，并预测农户采纳该技术的可能性，然后将预测值代入第二步产出供给模型进行回归分析，进一步检验测土配方施肥技术对水稻产量的影响程度。

1. 农户测土配方施肥技术采纳决策影响因素

表 6 – 4 给出了影响农户采纳测土配方施肥技术决策的 Probit 模型估计结果，结果中分别报告了各影响因素的系数、稳健性标准差和 P 值。

作为测土配方施肥技术采纳的工具变量，技术信息特征变量中上一年与农技推广人员交流的次数对技术采纳的影响在 1% 水平上显著正相关，与农技推广人员交流越多，了解施肥新技术的技术特征与优势，故采用测土配方施肥技术的可能性越大。常州市虚拟变量在 1% 水平上显著，符号为负，说明常州市采用测土配方施肥技术的农户显著少于无锡市的采纳情况。

表 6 – 4　测土配方施肥技术采用影响因素的 Probit 模型估计结果

变量	农户是否采纳测土配方施肥技术		
	系数	稳健标准差	P 值
技术信息特征（工具变量）			
Ln 上一年与农技推广人员交流的次数	0.46 ***	0.14	0.002
农户家庭特征			
Ln 家庭规模	– 0.76 *	0.39	0.051
Ln 成年人均年龄	– 1.58 **	0.72	0.027
Ln 成年人均受教育年限	5.53 **	2.74	0.044
Ln 成年人均受教育年限的平方	– 1.55 **	0.72	0.031
Ln 家庭耐用资产种类	0.86 **	0.44	0.048
土地资源特征			
Ln 人均承包水田面积	0.16	0.22	0.477
Ln 土壤贫瘠指数	– 0.29	0.28	0.300
土地调整情况	– 0.14	0.24	0.565

续表

变量	农户是否采纳测土配方施肥技术		
	系数	稳健标准差	P 值
风险因素			
农户主观风险指数	0.13	0.13	0.309
自然灾害	0.02	0.21	0.909
地区虚拟变量			
常州市	− 1.02***	0.26	0.000
镇江市	0.11	0.27	0.673
常数项	− 0.35	3.61	0.923
样本数量（个）	221		
Log pseudo likelihood	− 99.50		
Pseudo R²	0.16		
估计准确率（%）	80.09		

注：*、**、***分别表示在10%、5%和1%的统计水平上显著。为了避免可能存在的异方差对统计检验的影响，模型结果报告了稳健标准差（Robust Standard Error）。

　　农户家庭规模特征变量对农户是否采纳测土配方施肥技术在10%统计水平上具有显著负向关系，说明在其他条件不变的情况下，农户家庭人口越多，农户采用测土配方施肥技术的可能性越低。原因可能是人口规模较大的家庭拥有更充足的劳动力资源，而劳动力与施肥新技术之间存在一定的替代关系。人均承包水田面积的影响为正也恰好印证了这一点，即使该影响系数在统计水平上并不显著。家庭成年人平均年龄①对该技术采纳在5%统计水平上具有显著负影响，即相对年龄稍小的农户家庭，农户的年龄越大对新技术采纳的可能性越小。这一结论与相关研究结果比较吻合——表明年纪大的农户对新技术的采纳持有保守态度，年轻人更勇于冒险，敢于尝试新事物（Thangata et al.，2003；葛继红等，2010；车晓皓，2010；韩洪云、杨增旭，2011）。

　　农户家庭受教育水平也是影响农户采纳测土配方施肥技术的重要影响因素，农户家庭成年人均受教育年限以及其平方项均在5%水平上通过显著性检

---

　　① 最初的模型设计中，将农户家庭成年人口的平均年龄和平均受教育程度的平方项都引入以捕捉生命周期效应，但是最初的Probit模型估计结果显示，年龄对测土配方施肥技术采纳决策的影响并不存在生命周期效应，故删除年龄的平方项。

验，根据影响方向可以判断，家庭平均受教育水平与测土配方施肥技术的采纳存在倒 U 型关系，拐点在 6 年的受教育年限之处。结果说明，家庭平均受教育水平对测土配方施肥技术采纳的影响分成两个阶段，达到拐点（6 年）之前，随着教育年限的增加，采纳该技术的可能性也增加，但是拐点之后，受教育水平的继续上升反而会降低采纳该技术的可能性。这与以往的研究并不完全相符，一般认为，受教育程度较高的农户对新事物的把握和适应能力比较强，采纳新技术的可能性更高（Ervin，1982；Feder et al.，1985；王蔚斌等，2006；高雷，2011）。可能的解释是，受教育较高（如 6 年以上）的农户家庭具有从事非农就业的优势，更容易被吸纳到工资率远高于从事农业报酬率的非农就业市场，而采纳新技术的机会成本相应提高，故对农业新技术并不感兴趣。这一观点印证了孔祥智等（2004）的研究结论，即非农就业机会增加一定程度上阻碍着农业新技术的采纳。农户的家庭耐用资产种类显著影响测土配方施肥技术的采纳决策（在 5% 水平上显著，符号为正），表明耐用资产种类较多的农户家庭采纳该技术的可能性更高。

2. 农户测土配方施肥技术采纳环境影响评价

表 6-5 给出了影响农户化肥施用量（N 肥、P 肥、K 肥和化肥折纯总量）决定因素的标准化估计系数和 t 统计值。总体而言，除测土配方施肥技术变量外，其他控制变量对 N 肥、P 肥、K 肥和化肥折纯总量的影响方向基本是一致的。

测土配方施肥技术采纳决策对化肥折纯总量的影响显著为负（在 10% 统计水平上通过检验），-0.09 的边际弹性说明，在控制其他因素不变的情况下，使用测土配方施肥技术的可能性增加 1%，农户化肥施用量减少 0.09%。按照样本农户的平均化肥施用量（67.17 斤/亩）折算，9% 的化肥增加量约为 0.06 斤/亩（折合 0.45 千克/公顷）。如果农户 100% 可能性采用测土配方施肥技术，单位土地面积化肥折纯总量将减少 6 斤/亩（45 千克/公顷）。与预期一致，由于研究区域测土配方施肥技术的配肥原则是"增钾减氮"，所以我们可以看到，测土配方施肥技术对 N 肥用量是显著减少的（弹性为 0.10，在 10% 统计水平上通过检验），而对 K 肥用量显示是增加的，但是并不显著。测土配方施肥技术对 P 肥也有减少作用，但是结果也不显著。

农户家庭特征变量中，家庭人口规模对 N 肥施用量具有显著负影响（10% 水平上显著），这与预期并不一致，可能的解释是，劳动力与化肥等生产要素之间存在一定的替代性，家庭规模越大意味着劳动力资源越丰富，农户可能会通过精耕细作替代粗放经营（如大量施用化肥、农药），以提高作物产量。与预期相符，家庭成年人均受教育水平对 N 肥、P 肥和化肥折纯总量的影响显著为负，表明受教育程度越高，化肥施用量会越少，因为接受过较多教育的农户可能对过量施用化肥的危害比较了解，所以会进行科学施肥和现代化生产管理，减少盲目施肥现象。与预期一致，表征家庭富裕情况的耐用资产种类对所有化肥方程的影响都是正的，其中对 P 肥的正效应在 10% 统计水平上通过检验，说明家庭资产殷实的农户会有更多资金用于购买化肥等投入品。

土地资源特征变量中，土壤贫瘠指数是影响化肥使用行为非常重要的因素，回归结果显示，土壤贫瘠指数与 N 肥、K 肥和化肥折纯总量均存在显著的正向关系（在 5% 统计水平上通过检验），充分说明在越贫瘠的土壤上，农户越倾向加大化肥投入量，以获得更高的作物产量。平均边际弹性为 0.18 左右的含义是，在保持变量不变的情况下，土壤贫瘠指数增加 1 个百分点，化肥的投入量会增加 0.18 个百分点。土地调整情况变量对 N 肥、K 肥和化肥总折纯量的影响均不显著，这主要验证了姚洋（1998）的研究结论，即土地产权稳定性只影响中长期投入，而不影响农户的当前投入，如劳动力和化肥等。

风险因素变量中自然灾害会对 P 肥和 K 肥的投入造成显著影响（均在 5% 水平上通过检验），系数分别为 0.07 和 0.08，表明受灾农户的 P 肥和 K 肥施用量比非受灾农户平均多 7% 和 8%。这一结论验证了何凌云、黄季焜（2001）的研究结论——如果土地遭灾，农户可能会通过多施用化肥减少灾害的损失。地区因素变量中，镇江市虚拟变量在 N 肥和化肥折纯总量方程中均显著为正，说明与无锡市相比，镇江市农户的 N 肥和化肥总施用量较高。

表 6-5　农户化肥施用量决定因素的估计结果

变　　量	N 肥折纯量	P 肥折纯量	K 肥折纯量	化肥折纯总量
测土配方施肥技术				
测土配方施肥技术采用情况	-0.10 (-1.76)*	-0.08 (-1.00)	0.04 (0.51)	-0.09 (-1.76)*
农户家庭特征				
Ln 家庭规模	-0.16 (-1.83)*	0.04 (0.30)	0.02 (0.17)	-0.11 (-1.30)
Ln 成年人均年龄	-0.15 (-0.76)	0.01 (0.05)	-0.16 (-0.55)	-0.15 (-0.84)
Ln 成年人均受教育年限	-0.45 (-1.80)*	-0.69 (-0.22)**	0.04 (0.16)	-0.37 (-1.78)*

续表

变　量	N 肥折纯量	P 肥折纯量	K 肥折纯量	化肥折纯总量
农户家庭特征				
Ln 成年人均受教育年限平方	0.10 (1.26)	0.12 (1.24)	-0.07 (-0.69)	0.07 (0.99)
Ln 家庭耐用资产种类	0.10 (0.85)	0.24 (1.91) *	0.12 (1.09)	0.10 (1.05)
土地资源特征				
Ln 人均承包水田面积	-0.07 (-1.64)	0.13 (1.36)	0.13 (1.45)	-0.03 (-0.75)
Ln 土壤贫瘠指数	0.17 (2.61) ***	0.13 (1.42)	0.19 (2.14) **	0.17 (2.75) ***
土地调整情况	0.001 (0.05)	0.03 (1.76) *	0.02 (1.48)	0.01 (0.43)
风险因素				
农户主观风险指数	0.05 (0.64)	0.16 (1.37)	0.15 (1.36)	0.07 (1.04)
自然灾害	0.03 (1.34)	0.07 (2.12) **	0.08 (2.54) **	0.03 (1.58)
地区虚拟变量				
常州市	-0.04 (-1.52)	-0.02 (-0.37)	-0.03 (-0.75)	-0.03 (-1.30)
镇江市	0.03 (2.21) ***	0.02 (0.98)	0.01 (0.72)	0.03 (2.29) **
常数项	99.85 (2.38) **	1.98 (1.64)	2.22 (1.87) *	123.8 (2.33) **
样本数量（个）	221	221	221	221
F (13, 207)	2.96	2.54	2.58	2.90
Prob > F	0.001	0.003	0.002	0.001
R - squared	0.12	0.09	0.12	0.13

注：测土配方施肥技术采纳的决定是由 Probit 模型估计的可能性预测值表示的。*、**、*** 分别表示在 10%、5% 和 1% 的统计水平上显著。表中系数除常数项中为估计系数之外，其他变量的系数均为标准化系数，即边际弹性，括号中为 t 统计值。

3. 农户测土配方施肥技术采纳经济影响评价

模型中被解释变量水稻单产采用对数形式，解释变量中除了测土配方施肥技术采纳变量、农户主观风险指数、土地调整情况、自然灾害和两个地区虚拟变量采用原始形式以外，其他变量都采用对数形式。表6-6给出了影响农户水稻单产决定因素的估计系数、稳健性标准差、P值和边际弹性。

在水稻产量模型检验中，测土配方施肥技术的采纳对水稻产量的影响在10%统计水平上显著，影响系数符号为正，与理论预期一致，表明农户采纳测土配方施肥技术的可能性越高，水稻产量越高，边际弹性（0.04）说明在控制其他因素不变的情况下，使用测土配方施肥技术的可能性增加1%，农户的作物产量增加0.04%。按照样本农户的平均水稻产量（969.63斤/亩）折算，0.04%的水稻增加量约为0.39斤/亩（2.91千克/公顷）。如果100%可能性采用测土配方施肥技术，水稻单产将增加39斤/亩（291千克/公顷）。

农户家庭特征变量中，家庭规模变量在10%统计水平上显著，其系数符号为正，弹性系数为0.07，表示家庭人口数量每增加1个百分点，单位面积土地上的水稻产量增加0.07个百分点。一方面，说明家庭人口规模越大，劳动力资源禀赋更高，有利于作物产量的提高；另一方面，家庭人口多也会激励农户提高水稻产量以满足较大的粮食需求。该变量通过显著性检验同时也说明，农户家庭的生产和消费是不可分的。家庭成年人均年龄在5%的统计水平上显著，其系数符号为正，表明农户的年龄越大，水稻的产量越高，可能的原因是年龄较大的农户具有更丰富的农田耕作和管理经验，能够更加准确地把握作物生长规律，从而作物产量得以提高。而家庭成年人均受教育年限对水稻单产存在显著正相关（在10%的水平上通过显著性检验），证明受教育年限较多的农户家庭具有更高的农业生产技能，进行现代化生产管理，所以往往具有更高的生产率，其弹性系数为0.06，说明平均受教育水平增加1%，水稻产量增加0.06%。

土地资源特征变量中的土地质量对水稻产量的影响并不显著，符号为正一定程度上能够说明，相比土地肥沃的农户，土地较贫瘠的农户可能会通过增加劳动力和农资投入以提高土地产出水平，所以反而可能获得更高的水稻产量。象征土地产权安全性的土地调整情况变量在10%的统计水平上显著，系数为负，也就是说，过去20年经历过土地调整的农户家庭，其水稻产量会比较低，不安全的土地产权会降低投资效率和分配效率。但是以往的研究认为，产权安全性并不影响作物产量（姚洋，1998；Li et al.，1998；Jacoby et al.，2002）。不过从弹性系数（-0.01）看，土地产权安全性对水稻产量的影响确实非常有限。

风险因素变量中，农户主观风险指数变量对水稻产量的影响在5%的统计水平上显著正相关，表明农户对风险偏好越强烈，水稻产量越高，弹性系数为

0.08，意味着在控制其他变量不变的情况下，农户对风险的主观偏好指数每增加 1 个百分点，水稻产量会相应提高 0.08 个百分点。风险偏好与产量的正向关系可以理解为，具有冒险精神的农户更加乐于推陈出新，创新作物经营与管理模式，敢于尝试各种高科技成果，如作物新品种和耕作新技术，容易借助科技进步赚取更高的利润。根据描述性统计分析，调研年份（2007 年）48% 的样本农户在水稻生产过程中受到自然灾害的影响（主要是风灾）。所以受灾变量对水稻产量在 1% 的统计水平上显著，系数为 - 0.14，意味着在控制其他变量不变的条件下，受灾农户的水稻产量比没有受灾的农户减产 14%。

常州市虚拟变量在 10% 统计水平上显著（系数为 0.06），说明在保持其他变量不变的情况下，相比无锡市，常州市的水稻产量高 6%。

表 6 - 6　农户水稻单产决定因素的估计结果

变　量	Ln 水稻单产			
	系数	稳健标准差	P 值	弹性
测土配方施肥技术				
测土配方施肥技术采用情况	0.16 *	0.09	0.093	0.04
农户家庭特征				
Ln 家庭规模	0.07 *	0.04	0.055	0.07
Ln 成年人均年龄	0.22 **	0.09	0.013	0.22
Ln 成年人均受教育年限	- 0.09	0.10	0.432	- 0.09
Ln 成年人均受教育年限平方	0.06 *	0.03	0.099	0.06
Ln 家庭耐用资产种类	- 0.05	0.04	0.246	- 0.05
土地资源特征				
Ln 人均承包水田面积	0.02	0.02	0.340	0.02
Ln 土壤贫瘠指数	0.02	0.03	0.606	0.02
土地调整情况	- 0.05 *	0.03	0.085	- 0.01
风险因素				
农户主观风险指数	0.03 **	0.01	0.014	0.08
自然灾害	- 0.14 ***	0.02	0.000	- 0.07
地区虚拟变量				
常州市	0.06 *	0.03	0.065	0.02
镇江市	- 0.04	0.03	0.208	- 0.01
常数项	5.86 ***	0.37	0.000	—

续表

变　量	Ln 水稻单产			
	系数	稳健标准差	P 值	弹性
样本数量（个）	221			
F（13，207）	6.58			
Prob > F	0.000			
R - squared	0.25			

注：测土配方施肥技术采纳的决定是由 Probit 模型估计的可能性预测值表示的。*、**、*** 分别表示在 10%、5% 和 1% 的统计水平上显著。为了避免可能存在的异方差对统计检验的影响，模型结果的括号中报告了稳健标准差（Robust Standard Error）。

三、基于农户层面测土配方施肥技术采纳的环境与经济效应潜力测算

　　根据上述结果，测土配方施肥技术具有显著的环境效应和经济效应。在控制其他因素不变的情况下，测土配方施肥技术的采用率每增加 1%，化肥施用量减少 0.45 千克/公顷，水稻单产提高 2.91 千克/公顷。调研时研究区域测土配方施肥技术的实际采用率仅有 23%，若采用率达到 100%，研究区域将可进一步减少化肥用量 34.91 千克/公顷和增加水稻产量 223.98 千克/公顷，存在较大的经济和环境效应潜力。

　　但是，本章的研究结果与现有田间试验数据存在一定差异。根据江苏省测土配方施肥的田间试验和示范数据显示，测土配方施肥较常规施肥平均可以减少化肥施用 52.5 千克/公顷和增产 510 千克/公顷[1]。与本研究所评价的环境效应 45.34 千克/公顷和经济效应 290.89 千克/公顷相比[2]，两者的环境效应较接近，但本研究所评价的经济效应远低于试验结果。可能的原因是：第一，目前测土配方施肥技术体系不够完善，"大配方、小调整"的配方原则并不能做到依据不同地块、不同作物进行科学施肥；第二，技术宣传不到位，没有充分发挥示范区作

---

[1]　江苏省测土配方施肥工作会议 [EB/OL]. http://nc.mofcom.gov.cn/news/1930761.html.

[2]　根据测土配方施肥技术的采用率每增加 1%，化肥施用量减少 0.45 千克/公顷，水稻单产提高 2.91 千克/公顷可计算，如果采用率为 100%，则节省化肥施用 45.34 千克/公顷，增加水稻产量 290.89 千克/公顷。

用，农民对测土配方施肥认识不足，作物施肥不够规范。此外，农民实际的生产条件与严格的试验条件之间的差异也可能是造成研究结果不一致的原因。

四、本章小结

本章基于太湖流域上游地区 221 户水稻生产农户的调查数据，以研究农户对测土配方施肥技术采纳决策作为出发点，然后通过构建投入需求和产出供给方程，检验测土配方施肥技术对农户化肥施用量和水稻单产的影响。为了解决测土配方施肥技术采纳的内生性问题，本研究首先利用 Probit 模型对农户采纳测土配方施肥技术的决策行为进行估计，然后将农户采纳该技术的可能性估计值作为工具变量引入投入需求和产出供给方程的回归分析中。主要研究结论如下：

平均年龄越小、耐用资产情况越好的家庭采纳测土配方施肥技术的可能性更大；平均受教育年限与新技术的采纳呈现倒 U 型趋势，拐点在 6 年，说明达到拐点（6 年）之前，随着教育年限的增加，采纳该技术的可能性也增加，但是拐点之后，随着教育程度的提高，农户被吸纳到更好的非农就业岗位的可能性越大，反而对农业新技术的采纳不感兴趣，这也说明非农就业引力提高了技术采纳的机会成本，一定程度上抑制了农户对农业新技术的采纳；农业新技术信息可得性对农户技术采纳影响非常显著，上一年与农技推广人员交流越多的农户越倾向选择测土配方施肥技术，充分说明加大宣传培训是推广农业新技术的有效手段。

测土配方施肥技术能够有效减少化肥施用量（尤其是 N 肥施用量），在控制其他条件不变的情况下，测土配方施肥技术采用率每增加 1%，化肥施用量会降低 0.09%（0.45 千克/公顷）；受教育水平较高的农户对过量施用化肥的危害更了解，懂得科学施肥和现代化生产管理，减少过量、盲目施肥现象；土壤贫瘠指数是影响化肥使用行为非常重要的因素，在贫瘠的土地上，农户会通过加大化肥投入量来增加土壤肥力，以期获得较高的产量回报；因为化肥见效快，所以农户会在遭受过自然灾害的土地上增加化肥用量（主要是 P 肥和 K 肥）以减少灾害带来的损失。

测土配方施肥技术可以显著提高水稻单产，在其他条件不变的情况下，测土配方施肥技术采用率每增加 1%，水稻单产将提高 0.04%（2.91 千克/公顷）。农户家庭规模越大，对粮食需求越大，越会激励农户提高农业生产率，进而获得较高的水稻单产。经历过土地调整的农户家庭的水稻产量显著较低，但是影响程度非常细微。具有冒险精神的农户更加乐于创新作物经营与管理模式，敢于尝试各种高科技成果，因而获得更高的水稻产量。

根据测算，若调研区域测土配方施肥技术采用率达到100%，将可进一步减少化肥用量34.91千克/公顷和增加水稻产量223.98千克/公顷，存在较大的经济和环境效应潜力。

第七章　基于农户生物—经济模型环境友好型技术采纳行为及政策模拟

前面章节分别从区域层面和农户层面对测土配方施肥技术的环境影响和经济影响进行实证检验，结果发现，从区域层面而言，测土配方施肥技术的经济增加效应比较明显，而且出现逐年递增趋势，但是对表征环境效应的单位耕地面积化肥用量影响并不显著；从农户层面而言，测土配方施肥技术能够显著提高水稻单产和减少单位面积化肥用量（尤其是氮肥用量）。但是，测土配方施肥技术的实际推广进展非常缓慢，而且项目管理实施也不够规范，并没有完全做到真正的测土配方施肥。所以本研究在现阶段测土配方施肥基础上，引入更直观的、有机结合看苗诊断的改良版测土配方施肥——适地养分管理技术。与现阶段测土配方施肥技术相比，适地养分管理技术是一种能够让农户真正做到根据作物生长需求施肥，对肥料（尤其是氮肥）分配更合理，对提高肥料利用率效果更显著的升级版测土配方施肥技术。但是，缺乏有效的外在激励是影响农户不愿意选择环境友好型技术的关键因素。所以本章设计了若干农业环境备选政策（如教育与培训、化肥税收、农产品价格和补贴等政策），通过农户生物—经济模型模拟这些政策对农户土地利用决策的影响（包括种植结构行为选择和环境友好型技术行为选择），并预测 2020 年不同情景下对太湖流域可持续发展的经济、社会和环境综合影响。

一、模型构建及研究说明

（一）总体设想

首先，我们需要在农户调查数据、相关研究结果及专家知识的基础上，构建一个 1 年期农户层面的农户生物—经济模型，然后设计以下三类情景：基期年情景（2007 年情况）、基线情景（2020 年的对照情景）以及政策情景（2020 年的研究情景），最后利用农户生物—经济模型模拟农户在不同情景基于目标函数以及约束条件下的土地利用行为的变化，包括种植结构行为和环境友好型技术选择行为，评价不同土地利用行为决策所产生的经济、社会和环境效果。具体技术路线如图 7-1 所示。

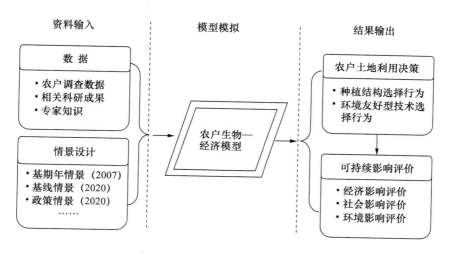

图 7-1　政策模拟技术路线图

（二）模型选择

农户生物—经济模型（Bio - Economic Household Modeling）把农户经济行为模型（Household Model）和生物经济模型（Bio - Economic Model）整合在一起，有机耦合了自然生态过程与农户经济行为（张蔚文，2006）。其本质是数理规划方法，主要思想是在具有确定目标又有一定约束限制条件下，从所有可能的选择方案中选出最优方案的数学方法。本研究所采用的农户生物—经济模型 FSSIM（Farm System Simulator）模型是由欧盟第六框架项目（EU 6th Framework Programme）中的 SEAMLESS 项目（System for Environmental and Agricultural Modelling；Linking European Science and Society）研发而成，目的是能够从农户层面评估欧盟农业和环境政策对农户行为和可持续发展指标的影响（Van Ittersum et al. ,2008；Louhichi et al. ，2010；Janssen et al. ，2010）。本研究借助欧盟第六框架项目中的 LUPIS 项目（Land Use Policies and Sustainable Development in Developing Countries），与荷兰瓦格宁根大学合作将 FSSIM 模型本土化，合成 FSSIM -

China，应用到太湖流域面源污染控制的土地利用决策模拟中。

（三）FSSIM – China 模型的构建

1. FSSIM – China 模型的构成

FSSIM – China 模型包含两个重要组成部分：TechnoGIN 模块（Technical Coefficient Generator for Ilocos Norte Province，TechnoGIN）和 FSSIM-MP 模块（FSSIM – Mathematical Programming）（Louhichi et al.，2010）。其中，TechnoGIN 模块①是用于计算不同农业生产活动投入—产生的技术参数；FSSIM – MP 是方法论模块，涵括各种公式和算法。TechnoGIN 基于农户调研中生产投入—产出数据、土壤志中土壤养分含量参数和相关研究的技术参数等数据库，通过其主体模型 QUEFTS（Quantitative Evaluation of the Fertility of Tropical Soil）的运算，结果输出相关的投入—产出系数（如作物产出系数、养分需求与流失系数等）。然后将所得的相关系数导入 FSSIM – MP 模块中，在目标函数及约束条件下进行最优化求解（Reidsma et al.，2012）（见图 7 – 2）。TechnoGIN 由 Excel 文件组成，里面包含一个宏，其运行主要是通过 Excel 中的 Visual Basic 编程来实现；FSSIM – MP 的运行环境是数学规划和优化的高级建模系统（General Algebraic Modeling System，GAMS）（Brooke & Kendrick，1998）。

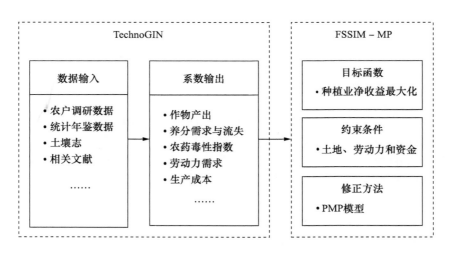

图 7 – 2　FSSIM – China 模型结构框架图

---

① TechnoGIN 是为了能够从地块层面上研究东南亚国家农作物的投入—产出关系而研发的（Ponsioen et al.，2006），故更适用于中国情况。

2. 目标函数与约束条件

本研究的目标函数为农户种植业的净收益最大化，资源约束条件为土地、劳动力和资金等。

目标函数：

$$\text{Max } R = \sum_{i=1} A_i \cdot \left[p_i Y_i - (d_i Y_i + 0.5 Q_i Y_i \cdot Y_i) + S_i \right] \tag{7-1}$$

约束条件：

$$\sum_{i=1} A_i \leq \text{Land}_B \tag{7-2}$$

$$\text{Land}_B = m \cdot \text{Land}_{avi} \tag{7-3}$$

$$A_{rice} \leq \text{Land}_{paddy} \tag{7-4}$$

$$\sum_{i=1} A_i \cdot \text{Labor}_{req(i)} \leq \text{Labor}_{avi} \tag{7-5}$$

$$\sum_{i=1} A_i (d_i Y_i + 0.5 Q_i Y_i \cdot Y_i) \leq I \tag{7-6}$$

其中，R 为农户种植业净收益（元/公顷）；p_i 为作物 i 的单位农产品价格（元/千克）；Y_i 为作物 i 的单位面积产量（千克/公顷）；d_i 为作物 i 的边际成本函数线性部分的系数；Q_i 为作物 i 边际成本函数非线性部分的系数；S_i 表示作物 i 的粮食直补、良种补贴和农资综合补贴之和（元/公顷）；A_i 为作物 i 的播种面积（公顷）；Land_B 为播种面积总量（公顷）；A_{rice} 为水稻的播种面积（公顷）；Land_{paddy} 为水田总面积（公顷）；m 为复种指数；Land_{avi} 为耕地面积（公顷）；$\text{Labor}_{req(i)}$ 为作物 i 单位面积所需的劳动力时间（日/公顷）；Labor_{avi} 表示农户可用于农业耕作的年劳动时间总量（日），包括自家劳动时间和雇佣劳动时间；$d_i Y_i + 0.5 Q_i Y_i \cdot Y_i$ 表示作物 i 单位面积的可变成本（元/公顷），如农资成本和雇佣劳动力成本；I 表示农户种植业收入（元）。

式（7-1）是目标函数，最大化农户的种植业净收益，种植业净收益等于水稻、小麦和油菜大田作物①总收入与各种投入的总成本之差，再加上各种粮食补贴。式（7-2）~式（7-6）是约束条件，其中式（7-2）~式（7-4）表示播种面积约束条件，即所有作物播种面积的总和不能超过农户可能的总播种面积（复种指数与耕地面积的乘积）；此外，水稻的总播种面积不能超过水田的总面积。式（7-5）限制了农户可供于各个时间段的劳动时间总量。式（7-6）是资金约束条件，以种植业收入为上限约束种植业生产投入的资金总额。

通常，利用线性规划模型进行政策评价的缺点是，模型得出的基期最优结果与实际观察值不一致，如果两者偏差太大就会影响结论的可靠性。为了使模型基

---

① 本研究选择水稻、小麦和油菜 3 种作物作为研究对象，主要考虑到这 3 种作物是研究区域最重要的大田作物，而且占据农户家庭的大部分播种面积。

期最优结果与实际观察值一致，可以在约束条件中增加一些生产行为的上限或者下限来标定模型，但是这又会扭曲模型的分析结果（王姣、肖海峰，2006）。为解决这个问题，Howitt（1995）提出引入一个既能保证模型的基期最优值与实际观察值一致又符合经济学中边际收益递减基本假设的实证数学规划模型（Positive Mathematical Programming，PMP）对原模型进行修正，具体做法是通过引入非线性的生产函数或者成本函数进行修正。经过修正后的规划模型所得出的结果并不是理论上的最优结果，而是复制生成（Reproduce）与观察值一致的基期值，并在此基础上，模拟将来农户行为的变化。FSSIM – China 所引入的 PMP 模型是一个非线性的成本函数。在 FSSIM – China 模型中使用的 PMP 模型为非线性的成本函数，即式（7 – 1）中的（$d_i Y_i + 0.5 Q_i Y_i \cdot Y$）部分。

（四）模型研究单元说明

FSSIM – China 模型虽然以农户数据为基础，但其模拟的基本单元并不是独立的农户个体，而是可以代表某一农户类型平均水平的虚拟农户，因为对每一农户进行单独模拟并没有政策性的意义。农户类型（Farm Typology，FT）的划分一般是根据社会经济指标，如欧盟委员会（European Economic Community，EEC）为了能够更好地分析农户的农业结构特征和产出效率，根据农户的家庭收入和农业经营类型（如种植、畜牧和混合经营等）将 15 个欧盟国家的农户分成八大类（EEC，1985）。

1. 农户聚类

由于本研究中所选择的样本均是种植业农户，并没有上述情况复杂，鉴于目前我国农村劳动力流向非农岗位现象严重，尤其在能够提供更多、更好非农就业机会的沿海经济发达地区，劳动力的缺失使得土地经营规模成为将来的必然趋势，所以本研究最终选择农户实际土地经营规模和非农就业收入作为聚类因子，通过 SPSS 的聚类分析（Factor Analysis）将 268 个农户样本分成四大类型（见表7 – 1）。从聚类结果看，低兼小农（FT1）所占的农户比重最大，其次是中兼小农（FT2），这两种类型的农户一共占总样本的90%。从聚类特征看，与种植大户（FT4）相比，低兼小农、中兼小农和高兼小农的土地经营规模较小，面积不超过 1.13 公顷（折合 17 亩），三者的非农收入依次递增；而 FT4 则是典型规模经营大户，农业是其家庭收入的主要来源，而且大部分劳动力均投入到农业生产中，家庭的非农收入比重比较低（与低兼小农相当）。

2. 不同研究区域的农户类型的资源禀赋

考虑到在不同区域，同一类型农户的行为选择以及对政策的反应可能会存在差异，所以将上述聚类而成的 4 种农户类型根据区域区分，这样，无锡、常州和镇江3市一共形成12种农户类型。表7-2显示12种农户类型的社会经济特征和资源禀赋特征。考虑到不同类型及质地的土壤的自身养分供给量、作物种植类型和投入——产出系数有所区别，故将土地资源区分为水田和旱地以及不同土壤质地。每个市4种农户类型的特征规律基本一致：前三种农户类型属于小规模农户，经营面积规模均维持在0.3公顷左右，而非农收入则从1万元左右、5万元左右到10万元以上依次增加；第四种农户类型属于种植大户，土地经营规模最大可达3.39公顷，但是非农收入与低兼小农差不多，大约在1万元左右。

表7-1　农户类型聚类结果

农户类型	聚类因素				农户分布	
	土地经营规模（平方公顷）		家庭非农收入（万元）			
	划分标准	特征属性	划分标准	特征属性	数量（户）	比例（%）
低兼小农	(0, 1.13]	小	(0, 3]	低	149	56
中兼小农	(0, 1]	小	(0, 9]	中	92	34
高兼小农	(0, 0.67]	小	[9.8, 18]	高	17	6
种植大户	[1.73, 4]	大	(0, 2.5]	低	10	4

表7-2　无锡、常州和镇江的各种农户类型的资源禀赋

地区	农户类型	非农收入（万元）	农业劳动力（日）	经营规模（公顷）	水田（公顷）			旱地（公顷）			退耕还林比例(%)
					粘土	壤土	沙土	粘土	壤土	沙土	
无锡	FT1	1.17	221	0.32	0.17	0.05	0.01	0.06	0.02	0	0.5
	FT2	5.22	211	0.26	0.19	0.01	0.01	0.04	0	0	1.8
	FT3	10.78	188	0.25	0.17	0	0.08	0	0	0	11.6
	FT4	0.60	417	2.82	2.06	0.77	0	0	0	0	0
常州	FT1	1.31	242	0.30	0.17	0.04	0.10	0	0	0	5.7
	FT2	5.12	162	0.29	0.12	0.07	0.01	0.05	0.03	0.01	0.5
	FT3	13.87	136	0.30	0.20	0	0	0.10	0	0	0
	FT4	1.57	400	2.26	0	1.81	0.34	0	0.09	0.02	0
镇江	FT1	1.16	286	0.31	0.22	0.06	0.02	0.01	0	0	0
	FT2	4.31	211	0.31	0.16	0.03	0.10	0	0	0	0
	FT3	13.65	125	0.36	0.11	0	0.24	0	0.01	0	0
	FT4	1.38	625	3.39	2.00	0	1.39	0	0	0	0

注：退耕还林比例是指该类型农户参加退耕还林面积占其耕地总面积的比例。

农业劳动力指该类型农户家庭可供使用的农业劳动力，具体并非指实际人数，而是根据每个劳动力的法定年工作日（250 日）[①] 转换成家庭可供使用农业劳动日数，其与该类型农户的非农收入呈反向相关。纵观各市每种农户类型的土壤类型，发现样本区域的土壤类型以水田为主，农户经营的旱地面积很小，土壤质地则以粘土为主。另外，有些样本农户家中有部分土地归入环太湖生态防护林建设区[②]，这部分土地需要进行退耕还林，在模拟过程中，模型会按照调研时实际退耕面积将这部分土地"冻结"，确保其不参与优化配置过程。从表 7 - 2 中可以看出，相对而言，无锡参与退耕还林的土地比例相对较大，原因是无锡的样本点距离太湖较近。

（五）模型模拟对象的确定

1. 适地养分管理样本的界定

实地农户调研发现，传统施肥习惯在一定程度上影响着农户的施肥行为，因为并不是所有采用测土配方施肥技术的样本农户都完全按照测土配方施肥建议卡进行施肥，没有真正贯彻测土配方施肥（即适地养分管理技术）的内涵，所以问卷调研中并没有办法收集真正的适地养分管理样本农户。但是考虑到适地养分管理技术是精准化和升级版的测土配方施肥技术，故我们根据最佳施氮量[③]标准把现阶段采用测土配方施肥的作物样本分成两组：一组作物的施氮量低于相应的最佳施氮量标准，视为适地养分管理技术样本；另外一组作物的施氮量超过相应的最佳施氮量标准，视为测土配方施肥技术样本（Van Loon，2010；Reidsma et al.，2012）。

由于作物的最佳施氮量受区位、气候、土壤类型和作物品种等多种因素的影响，不存在统一固定的标准，所以本研究综合多位学者在太湖流域对水稻、小麦和油菜的实验结果，分别求取平均值作为各种作物最佳施氮量的划分依据。最后确定太湖流域的水稻、小麦和油菜的最佳施氮量分别为 230 千克/公顷、180 千克/公顷和 180 千克/公顷（Janssen et al.，1990；崔玉婷等，2000；Wang et al.，2004；朱兆良，2006a；Liang et al.，2006；黄进宝等，2007；晏娟等，2009；Ju et al.，

① 2008 年 1 月 3 日，劳动和社会保障部发布《关于职工全年月平均工作时间和工资折算问题的通知》（劳社部发〔2008〕3 号），规定制度年工作日：365 - 104（休息日）- 11（法定节假日）= 250（日）。

② 2007 年 9 月，江苏省人民政府公布《江苏省太湖水污染治理工作方案》（苏政发〔2007〕97 号），要求在环太湖周边 1 千米、主要水源保护区周边 2 千米、入湖河道上溯 10 千米两侧各 500 米范围内全面开展造林绿化（建设生态防护林），形成太湖污染的阻隔、吸附和降解的生态屏障。

③ 最佳施氮量一般是指某种作物在特定土壤类型下综合考虑产量效益、肥料利用率和环境效益的最适宜施氮量。

2009；夏永秋、颜晓元，2011）。根据农户调研数据统计，使用测土配方施肥的水稻、水稻＋机插秧①、小麦和油菜中，作物的施氮量低于相应标准的面积比例分别为 23.42%、41.82%、37.21% 和 44.89%，综合平均值为 33.65%（见表7－3）。即将所有使用测土配方施肥技术的作物面积分成两组，其中 33.65% 的面积被视为适地养分管理组；剩余的 66.35% 被视为测土配方组。通过统计汇总，得到不同作物上各种施肥技术采用情况，可以发现，70% 左右的作物播种面积使用的是常规施肥技术（见表7－4）。从各种农户类型对施肥技术的采纳情况看，常规施肥是调研时的主导施肥技术，尤其是小规模农户。相对而言，种植大户对测土配方施肥技术和适地养分管理技术的采纳比例稍高（见表7－5）。

表7－3　测土配方施肥组与适地养分管理组的划分

作物种类 ＼ 指标	占总测土配方施肥面积的比例（%）	最佳施氮量标准（千克/公顷）	低于相应标准的面积比例（%）
水　稻	33.06	230	23.42
水稻＋机插秧	18.12	230	41.82
小　麦	46.69	180	37.21
油　菜	2.13	180	44.89
总　计	100.00	综合平均值	33.65

表7－4　调研中不同作物上施肥技术的选择情况

作物种类 ＼ 指标	耕作面积（公顷）				比例（%）			
	常规施肥	测土配方	适地养分管理	总计	常规施肥	测土配方	适地养分管理	总计
水稻	41.70	11.54	5.85	59.09	70.57	19.53	9.90	100
水稻＋机插秧	19.29	6.33	3.21	28.83	66.91	21.96	11.13	100
小麦	49.88	16.30	8.27	74.45	67.00	21.90	11.11	100
油菜	6.82	0.74	0.38	7.94	85.89	9.36	4.75	100
总计	117.69	34.91	17.71	170.31	69.10	20.50	10.40	100

①　将水稻＋机插秧独立出来主要考虑到机插秧作业的特性，其可以节省劳动力，而适地养分管理技术在田间管理阶段需要更多的劳动力，可以实现劳动力的互补，两种技术的采用可能存在互相促进的作用。

表7-5 调研中三市各种农户类型对施肥技术的采纳比例情况　　单位:%

指标\农户种类	无锡市			常州市			镇江市		
	常规施肥	测土配方	适地养分管理	常规施肥	测土配方	适地养分管理	常规施肥	测土配方	适地养分管理
低兼小农	73.91	17.39	8.70	88.46	7.69	3.85	69.64	19.64	10.71
中兼小农	70.00	20.00	10.00	90.70	6.98	2.33	62.50	25.00	12.50
高兼小农	45.24	35.71	19.05	100.00	0.00	0.00	86.76	8.82	4.41
种植大户	58.27	27.70	14.03	72.81	17.97	9.22	0.00	66.32	33.68

2. 适地养分管理样本的参数修正

由于农户调研中实际并没有收集到适地养分管理样本，而是从测土配方施肥样本中分化出来的，但这些适地养分管理样本并不能完全代表适地养分管理技术的真实效果，所以需要根据相关研究成果对技术参数进行必要的修正。根据研究，相比常规施肥技术，适地养分管理技术下的养分的吸收利用率高出12%~56%（Dobermann et al.，2002；王光火等，2003；Jing，2007；刘立军等，2009），相应的作物产量比常规施肥情况下的产量高3.5%~15.4%（王光火等，2003；刘立军等，2003；钟旭华等，2006）。由于不同研究地区和作物品种的实验结果存在一定差异，综合考虑太湖流域的农业生产条件和轮作体系之后，本研究假设在基期年情景（BAY）和基线情景（BLY），相比常规施肥，采用适地养分管理技术的养分的吸收利用率能够提高30%（Van Loon，2010）；作物能够增产10%。另外，由于适地养分管理技术相对复杂，本研究假设农户在作物的田间管理阶段需要增加15%的劳动投入（Van Loon，2010）。

二、FSSIM-China 模型的主要参数说明

技术参数的确定是模型科学运行的关键。FSSIM-China 模型中的参数主要包含两类：一是被控制的假定不变的参数，如单位用工数量[①]、种子和化肥等农

[①] 根据《全国农产品成本收益资料汇编》（2005~2010年）数据显示，水稻、小麦和油菜作物的每亩劳动力投入显著减少，这与整地、插秧和收割阶段机械化的推广密切相关。但是模型已经假定所有作物都实现机械耕地，水稻和小麦实现机械收割，而机插秧技术和其他耕作技术又被独立分开，故假设单位用工数量不变。

业生产投入参数；二是随着时间变化的参数，包括各种生产资料和农产品的价格、农资综合补贴、作物的单位产量和家庭可用的农业劳动力。必须对这些参数进行科学的预测，模型才能模拟出可靠、符合实际的结果。

（一）农业生产投入参数

1. 劳动力投入

作物的劳动力投入主要分布在以下四个阶段：播种前准备（如整地）、播种阶段、田间管理和收获阶段。根据调研数据统计，水稻（未使用机插秧）和油菜单位面积的总用工数量差不多，大约130日/公顷，均比小麦（80日/公顷）多；种植水稻和小麦耗费劳动力最多的是田间管理阶段，而油菜除田间管理外，收获阶段也需要投入大量劳动力，因为调研当时还未能实现油菜机械化收割（见表7-6）。从表中可见，水稻+机插秧不仅在播种阶段节省劳动力，而且可显著减少田间管理阶段的用工数量，原因是采用机械化插秧作业的水稻，通风透光条件好，病虫害不易发生，可有效节省管理时间。根据统计，规模经营的种植大户在作物播种和田间管理阶段中单位面积所投入的劳动力仅为小规模农户（农户类型1~3）平均水平的40%和60%，但是化肥投入量和作物产量却差不多，故在种植大户劳动力系数的设置时需要做相应调整。

表7-6　各种作物单位面积的劳动力和种子投入

作物种类	劳动力投入					种子投入（千克/公顷）
	播种前准备	播种阶段	田间管理	收获阶段	总　计	
水　稻	3	35	95~105	4	137~147	60
水稻+机插秧	3	20	50~55	4	77~82	0
小　麦	3	18	52~55	6	79~82	195
油　菜	6	30	60~67	27	123~130	30

注：作物耕作的劳动力投入的前3个阶段根据播种面积计算劳动力投入，单位为日/公顷，后一阶段根据产量计算，故其单位为日/吨。另外，FSSIM-China模型假设2020年播种前的耕地阶段和收获阶段实现100%机械化（除油菜收割外），因为据农户调研，2007年机器耕地和机器收割的使用率已经达80%左右。

2. 种子投入

根据农户调研数据统计，水稻、小麦和油菜单位面积种子的投入量分别为60千克/公顷、195千克/公顷和30千克/公顷（见表7-6）。由于水稻的机插秧服务包括水稻育秧和插秧服务，所以如果农户选择使用机插秧，水稻种子投入则为零。

3. 化肥投入

在 FSSIM - China 模型中，常规施肥技术和测土配方施肥技术的化肥投入量是根据农户调研数据统计所得，而适地养分管理技术的化肥投入是经过 TechnoGIN 中被修正过的 QUEFTS 计算出来的作物养分需求量（Janssen et al.，1990；Ponsioen et al.，2006）。QUEFTS 基于调研区域土壤的潜在养分供给能力[①]，按照养分供给平衡原理计算，作物为达到某一目标产量下的养分需求量，该运算过程通过 Microsoft Excel 的规划求解功能实现。QUEFTS 充分考虑到养分淋溶、渗漏、固定、反硝化和挥发等复杂的物理化学作用过程，属于比较精细的养分计算模型。

据调研资料显示，作物的化肥投入量（折纯量）与地块的土壤质地和耕作技术密切相关。调研区域的土壤质地以粘土、壤土和沙土为主，本研究所关注的耕作技术主要是施肥技术和水稻插秧技术。根据表 7-7，沙土上的作物施用的 N、P、K 肥施用量相比粘土和壤土更高，因为沙土中的养分含量最少。从作物种类而言，水稻作物的 N、P、K 肥施用量最高，其次是小麦和油菜。从耕作技术看，采用测土配方施肥技术的施肥量总体低于常规施肥技术，而采用机插秧技术的水稻施肥量总体比手工插秧的施肥量少，但是都存在部分不一致的情况。

表 7-7 各种作物与技术组合单位面积的化肥投入

单位：千克/公顷

地区	作物与耕作技术组合		粘 土			壤 土			沙 土		
	代码	说明	N	P	K	N	P	K	N	P	K
无锡	RIc	水稻 + 常规施肥	415	71	72	266	44	44	424	183	99
	RIfc	水稻 + 测土配方肥	350	39	70	367	41	76	443	41	82
	RImc	水稻 + 常规施肥 + 机插秧	461	86	94	360	43	40	288	48	48
	RIfmc	水稻 + 测土配方 + 机插秧	252	41	79	258	43	85	330	45	78
	WHc	小麦 + 常规施肥	235	62	61	250	40	40	119	36	36
	WHfc	小麦 + 测土配方肥	236	45	78	221	35	66	465	60	120
	RAc	油菜 + 常规施肥	193	56	58	178	71	71	172	53	53
	RAfc	油菜 + 测土配方肥	195	29	44	233	30	60	298	73	108

---

① 土壤的潜在养分供给能力是综合调研区域的《土壤志》资料和相关专家的知识测算所得。

续表

地区	作物与耕作技术组合		粘土			壤土			沙土		
	代码	说明	N	P	K	N	P	K	N	P	K
常州	RIc	水稻+常规施肥	379	62	57	370	78	83	301	53	53
	RIfc	水稻+测土配方肥	420	49	93	533	60	38	289	79	116
	RImc	水稻+常规施肥+机插秧	297	53	53	392	65	65	486	69	69
	RIfmc	水稻+测土配方+机插秧	375	42	84	258	43	85	330	45	78
	WHc	小麦+常规施肥	232	50	50	190	42	42	226	48	48
	WHfc	小麦+测土配方肥	290	58	100	129	27	47	289	79	116
	RAc	油菜+常规施肥	170	41	41	203	52	52	175	59	59
	RAfc	油菜+测土配方肥	372	48	96	336	60	38	404	110	163
镇江	RIc	水稻+常规施肥	390	72	72	372	61	77	494	81	81
	RIfc	水稻+测土配方肥	406	48	78	524	99	140	242	35	56
	RImc	水稻+常规施肥+机插秧	473	0	0	371	51	49	457	65	65
	RIfmc	水稻+测土配方+机插秧	270	41	80	258	43	85	330	45	78
	WHc	小麦+常规施肥	232	51	51	156	58	58	242	58	62
	WHfc	小麦+测土配方肥	207	31	51	426	98	99	136	28	41
	RAc	油菜+常规施肥	195	47	47	73	26	26	279	67	82
	RAfc	油菜+测土配方肥	233	23	68	126	14	20	140	18	25

（二）养分流失参数

在 FSSIM - China 模型构建初期，TechnoGIN 模块中养分流失参数主要参照部分学者在浙江省浦江县的实验结果（Hengsdijk et al.，2007；Van den Berg et al.，2007），后来根据在太湖区域的相关研究成果进行适当补充和修正（见表7-8）。

表7-8　养分流失参数

化肥种类	流失参数和计算公式	数据来源
N 素淋溶和径流（有氧条件）	0.25 + 0.15 × （降雨量/2500）	Roelcke et al.，2002；Tian et al.，2007；Wang et al.，2007；Zhai et al.，2009；Kang，2009
N 素淋溶和径流（无氧条件）	0.15	

续表

化肥种类	流失参数和计算公式	数据来源
N 素挥发（有氧条件）	0.12	Lin et al., 2007；Wang et al., 2007；Li et al., 2008b；Kang, 2009
N 素挥发（无氧条件）	0.004 × （100 – 土壤中粘土比例）	
N 素反硝化作用	0.0025 × 土壤中粘土比例 + 0.0001 （降雨量） + 0.1	Roelcke et al., 2002
P 素固定作用	0.7	Hengsdijk et al., 1998；Ponsioen et al., 2003
P 素径流	0.000167 × （土壤中粘土比例） + 0.000012 （降雨量）	Cao & Zhang, 2004
K 素淋溶（有氧条件）	0.25 + 0.15 × （降雨量/2500）	Smaling & Janssen, 1993；Ponsioen et al., 2003
K 素淋溶（有氧条件）	0.35	
K 素固定作用	0.1 + 0.15 × （土壤中粘土比例/100）	Ponsioen et al., 2003；Kang, 2009

（三）经济参数

1. 价格参数

对于农作物价格、种子、机械、化肥和农药等生产资料价格和劳动力工资等经济参数的预测，使用的方法是年均增长率模型，即根据预测对象在过去的统计期内的平均增长率，类推未来某期预测值的一种简便模型（王炜等，2001）。基本表达式为：

$$P_n^z = P_1^z \times (1 + r)^n \qquad (n = 1, 2, 3, \cdots, 13) \tag{7-7}$$

式中，P_n^z 为某物品 2020 年价格情况；P_1^z 为某物品 2007 年价格情况；r 为该物品价格指数的年平均增长率；n 为预测年限。本研究中各种价格参数的年均增长率主要根据 1994 ~ 2007 年相应的农业生产资料价格指数（上年 = 100）的年平均增长率计算而得，选择价格指数是为剔除通货膨胀因素（见表 7 - 9）。而不同经济参数选择以 1994 年作为计算起点（1994 年 = 100），是考虑到市场的建立和商品经济的发展，但具体原因并不完全一致。其中，水稻、小麦和油菜等农作物价格一直受国家行政干预较多，从 1953 年出台的统购统销政策，到 1985 年合同订购制度，直至 1993 年底全国范围内取消粮油统购统销制度才真正迈向营销市场化时期，全部放开粮食价格和经营（刘传江，2000；张学兵，2007；王丹莉，2008），故选择以 1994 年为起点；而种子、机械、化肥和农药等生产资料和劳动力工资选择以 1994 年为起点主要考虑到，虽然 1992 年的十四大就提出社会主义市场经济体制改革目标，但是 1993 年 11 月，在中共十四届三中全会才真正建立起全国统一开放的市场体系，实现城乡市场紧密结合，国内市场与国际市场互相衔接（李铁映，1999；周天勇，2000；唐宗焜，2007）。

表 7 - 9　FSSIM - China 模型中主要经济参数说明

技术参数项目		单位	2007 年价格	2020 年价格[c]	年平均增长率	
					增长率（%）	计算依据[d]
出售价格	水稻	元/千克	1.8	2.5	2.67	水稻价格指数
	小麦	元/千克	1.4	1.9	2.51	小麦价格指数
	油菜	元/千克	3.2	3.9	1.60	油料作物价格指数
种子价格	水稻	元/千克	7.16	12.1	4.14	农业生产资料价格总指数
	小麦	元/千克	6	10.2	4.14	
	油菜	元/千克	60	101.7	4.14	
机插秧价格	无锡	元/公顷	100	244	7.1	农机用油价格指数与农业劳动力平均实际工资指数
	常州	元/公顷	120	293	7.1	
	镇江	元/公顷	100	244	7.1	
化肥价格[a]		元/袋	36 ~ 200	58 ~ 321.9	3.73	化学肥料价格指数
农药价格[b]		元/千克元/升	8 ~ 250	9.3 ~ 290	1.36	农药及农药械价格指数
农业劳动力工资		元/日	45	119	7.77	农业平均实际工资指数

注：a. 模型涵括研究区域常用的 10 种化肥种类（包装规格一般为 50 千克/袋）；b. 模型涵括研究区域常用的 26 种农药种类；c. 本研究所预测的 2020 年各种价格均化作与 2007 年的可比价格，即与 2007 年的购买力相等；d. 在计算过程中，由于种子没有找到相应的价格指数，故使用农业生产资料价格总指数替代；考虑到机插秧服务价格主要受农机用油和劳动力工资的影响，故用农机用油价格指数与农业平均实际工资指数年平均增长率的平均值表示。另外，油菜出售价格是根据 1994 ~ 2006 年油料作物价格指数预测的。

2. 粮食补贴参数

粮食直补、良种补贴和农资综合补贴等粮食补贴的发放，是国家继减免农业税政策之后的又一惠民政策。其中农资综合补贴是针对化肥、农药和柴油等农资价格上涨而实行的补贴。多年来，国家不断加大粮食补贴的实施力度，粮食直补和良种补贴比较平稳，然而农资综合补贴的涨幅较大。2007 年，农资综合补贴标准为 450 元/公顷，2011 年增至 1222.5 元/公顷，涨幅达 172%。根据 2007 ~ 2011 年农资综合补贴的变化情况模拟其增长曲线，模型的拟合优度高达 0.98，说明模拟情况良好（见图7-3）。根据该模拟模型预测2020年，农资综合补贴标准将涨至2917.5元/公顷。

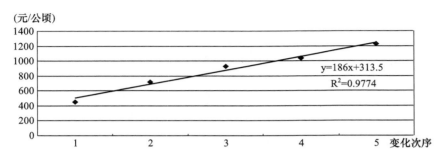

图7-3 农资综合补贴变化趋势模拟图

（四）目标产量与劳动力约束

1. 目标产量

在 FSSIM - China 模型中，水稻、小麦和油菜的单位产量因不同土壤质地（粘土、壤土和沙土）和不同耕作技术（常规施肥技术、测土配方施肥技术、适地养分管理技术和机插秧技术等）有所差异，故在构建模型时需要详细区分具体土壤质地以及某项耕作技术下的目标产量（见附录2）。由于作物单产具有区域特征，而江苏省一直就是全国粮食高产区之一，作物单产的增长趋势与全国平均水平存在一定差异，故预测2020年3种作物的单产主要是基于《江苏统计年鉴》1984～2007年[①]相应作物单产的年平均变化率（水稻、小麦和油菜分别为0.72%、0.98%和1.68%），并综合考虑该种作物的生产潜力进行预测（见表7-10）。选择1984年作为起点，主要是因为1984年家庭联产承包责任制覆盖全国范围，而相关研究表明，这次农地制度改革极大地调动了农民的生产热情，从而提高了土地生产率（Lin，1992；Huang & Rozelle，1996）。

2. 劳动力约束说明

劳动力约束是 FSSIM - China 模型在优化时的适用范围和限制条件之一，农业劳动力非农化和老龄化加速是使农业劳动力缩减的主要原因。早在20世纪80年代中期，苏南地区以劳动密集型为特点的乡镇企业迅速发展，吸纳大量农村劳动力，形成农村劳动力就地转移，"离土不离乡"的局面；进入90年代中期，乡镇企业的粗放型增长方式面临极大挑战，而且遇上东南亚金融危

---

① 由于1998年长江流域发生特大洪水，作物明显减产，被视为异常值，故计算时剔除该异常点。

机，亏损企业资产负债率急剧攀升，出现企业职工下岗，劳动力向农业"回流"现象；1999 年开始，受我国即将加入 WTO 的影响，苏南地区传统产业如纺织业止跌回升，下岗职工复返岗位，此外，当年修订后的《宪法》对个体私营经济地位的肯定，促使农村个体私营企业成为乡镇企业再次增长的主力军（见图 7 - 4）。期间，乡镇企业发展步入与小城镇建设互为依托、集中连片、协调发展的新阶段，布局呈现聚集度高、园区规模大的特点，吸引着大量农村劳动力（尤其是青壮年群体）持续转移到城镇，留守在农村继续从事农业生产的劳动力数量和质量显著下降（张腊娥，1999；周春平，2002；肖纱，2003；丁磊，2006）。

表 7 - 10　FSSIM - China 模型中目标产量

农作物	年平均增长率（%）	2007 年作物产量（吨/公顷）			2020 年目标产量（吨/公顷）					
		基期年情景			对照情景			政策情景		
		无锡	常州	镇江	无锡	常州	镇江	无锡	常州	镇江
水稻	0.72	5.9 ~ 9.2	6.8 ~ 9.0	6.6 ~ 8.9	6.5 ~ 10.1	7.2 ~ 9.6	7.3 ~ 9.5	6.5 ~ 10.5	7.2 ~ 9.6	7.3 ~ 9.5
小麦	0.98	4.9 ~ 6.4	4.8 ~ 5.7	4.2 ~ 5.0	5.9 ~ 7.7	5.8 ~ 6.8	5.0 ~ 5.9	5.9 ~ 7.7	5.8 ~ 6.8	5.0 ~ 5.9
油菜	1.68	2.1 ~ 2.8	2.0 ~ 2.9	1.7 ~ 2.6	2.6 ~ 3.4	2.5 ~ 3.5	2.1 ~ 3.1	2.6 ~ 3.4	2.5 ~ 3.5	2.1 ~ 3.1

资料来源：根据 2007 年作物单产根据农户调研数据整理；年平均增长率根据历年《江苏统计年鉴》整理所得。

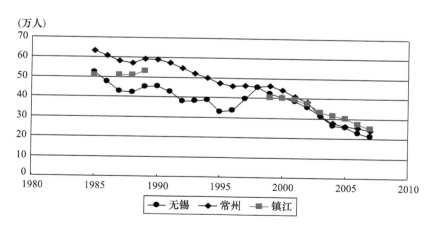

图 7 - 4　1985 ~ 2007 年 3 市种植业劳动力变化趋势图

资料来源：根据历年《无锡统计年鉴》、《常州统计年鉴》、《镇江统计年鉴》资料整理所得，其中镇江市由于统计资料或缺，仅有部分年份的数据。

虽然，从 1999 年 3 市种植业劳动力流失现象比以前严重，预测往后继续大幅减少的可能性依然较大。但是考虑到随着科技进步和经济发展的要求，未来企业会走上转型升级、创新发展的道路，提升对劳动力的需求层次，会减弱对农村劳动力的吸纳能力，甚至可能挤出部分竞争力较差的劳动力，使其回到农村。所以，本研究中选择无锡、常州和镇江 3 市 1985~1998 与 1999~2007 年两阶段的种植业部门劳动力以及 1999~2007 年农户户数的年平均变化率预测 2020 年户均种植业的劳动力情况。其中，无锡、常州和镇江 3 市种植业部门劳动力的年平均变化率分别为 -4%、-5% 和 -4%，而期间 3 市历年农村户数的变化相对比较平稳，除无锡变化稍大（约为 -0.7%）外，常州市和镇江市的农村户数的变化均为 -0.3% 左右。FSSIM - China 模型的劳动力具体是用劳动时间表示，如表 7-11 所示，随着非农收入的增加，各种农户类型农业劳动时间依次递减，据预测，2020 年 3 市各种农户类型的总户均农业劳动时间减少至 2007 年的 60% 左右（见表 7-11）。

表 7-11   3 市各种农户类型的总农业劳动时间

地区	2020 年与 2007 年的数量比值			户均总农业劳动时间（日）							
	农业劳动力	农村户数	户均农业劳动力	2007 年				2020 年			
				FT1	FT2	FT3	FT4	FT1	FT2	FT3	FT4
无锡	0.559	0.911	0.614	221	211	188	417	136	130	115	256
常州	0.544	0.971	0.560	242	162	136	400	135	91	76	224
镇江	0.588	0.957	0.615	286	210	125	625	176	129	77	384

注：户均农业劳动力是 2020 年/2007 年农业劳动力比值与 2020 年/2007 年农村户数比值之比，因为本研究关注的是户均农业劳动力的变化情况。

资料来源：根据《无锡统计年鉴》、《常州统计年鉴》、《镇江统计年鉴》和农户调研数据整理所得。

在 FSSIM - China 模型中的农业劳动时间约束并不是农户总的农业劳动时间，而是指具体被分配在水稻、小麦和油菜 3 种作物农田耕作的劳动时间。据调研情况，农户并不会把所有农业劳动时间配置在这些作物的耕作上，尤其是土地经营规模较小的农户，如 3 种小规模农户平均只会将 30% 左右的农业劳动时间分配在其中，剩余时间用于闲暇和从事其他农业活动。本研究假设该劳动时间的配置比例不变，但由于 2020 年各种农户类型的总户均农业劳动时间减少，故其分配在水稻、小麦和油菜等作物的种植业时间也会相应减少（见表7-12）。

表 7-12　2020 年 3 市各种农户类型的种植业劳动时间约束

地区	2007 年种植业劳动时间								2020 年种植水稻、小麦和油菜的劳动时间约束（日）			
	劳动时间（日）				分配比例（%）							
	FT1	FT2	FT3	FT4	FT1	FT2	FT3	FT4	FT1	FT2	FT3	FT4
无锡	64	54	62	417	29	26	33	100	39	33	38	256
常州	67	54	39	364	28	33	29	91	38	30	22	204
镇江	75	78	95	597	26	37	76	96	46	48	58	367

资料来源：根据农户调研数据和 FSSIM – China 模型模拟结果整理所得。

（五）弹性参数说明

FSSIM – China 模型中引入的 PMP 修正模型形式是一个一元二次的非线性成本函数（式 7-1），其中成本函数的截距项 d_i 二次项的斜率 k_i 与作物的供给弹性密切相关（见附录 3）。作物供给弹性的提高会使非线性的成本函数变得相对线性，导致模拟更趋于利润最大化的状态，进而影响农户的技术行为选择。根据 Lin（2006）的研究结果，我国水稻、小麦和油菜的供给弹性分别为 0.208、0.167 和 0.326。可见，这些作物的供给是缺乏弹性的，其本身对价格变化并不敏感，但是相对而言，作物在不同施肥技术之间的选择变化是富有弹性的。也就是说，农户改变施肥技术比改变种植结构更容易。所以，如果直接使用这些弹性，在不同的情景模拟下，作物的技术选择与农户调研当年的情况相差并不大，为了加强不同情景下作物技术选择的差异，需要适度提高作物的供给弹性。

我们假设随着弹性的提高意味着农户对优势技术（FSSIM – China 模型中指适地养分管理技术）认知程度的提高，故农户更倾向于采用该优势技术。其实，弹性的提高对作物种植面积的影响并不大，只是为了改变农户技术选择的工具，其本身并没有政策含义。为了确定适宜的弹性提高幅度，以获得较稳健和可信的模拟结果，本研究以常州种植大户为例，对其进行了敏感性分析，主要比较各种作物的播种面积和各种技术在不同涨幅弹性下采用率的变化情况。如图 7-5 所示，随着弹性的提高，作物的总播种面积比较均衡，这也说明弹性本身对作物的播种面积影响并不大。与预期一致，弹性的提高就会提升技术选择的敏感性。从图 7-5 可以看出，在弹性提高到 1000 倍之前，各种技术对弹性的变化比较敏感，表现为常规施肥的比例不断下降，而测土配方、适地养分管理技术和机插秧技术使用比例持续上涨。当弹性增至 1000 倍后，技术采用对弹性敏感度明显降低，各种技术采用情况进入稳定状态（常规施肥、测土配方、适地养分管理技术和机插秧技术的采用率分别稳定在9%、0%、91%和80%左右），即使将弹性提高5万倍，结果依然比较稳健（见图7-6）。故本研究选择将各种作物的原始供给弹性提高1000倍作为政策情景的弹性。而在基线情景（BLY），为了获得与基期情景（BAY）有一定差别的技术采用情况，本研究假设BLY的弹性为原始弹性的100倍。

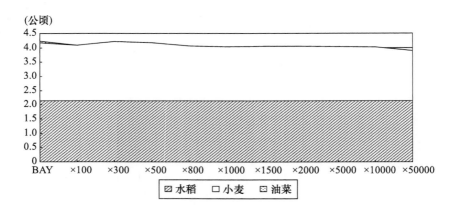

图7-5 不同弹性增长幅度下水稻、小麦和油菜播种面积变化

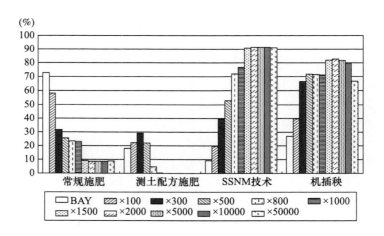

图7-6 不同弹性增长幅度下各种技术采用率变化情况

三、情景设计及评价指标筛选

（一）政策情景设计

政策情景设计的目的是引导农户经济行为向政策所希望的方向改变。在本研究中，试图通过设计相关的农业与环境政策情景使农户在选择施肥技术时，不自觉地将其对经济、社会和环境效应纳入决策中，从而成功引导农户采用政策目标技术——适地养分管理等环境友好型技术，达到保护环境的目标。根据环境经济学理论，环境问题是外部性不经济的产物，为解决环境问题，必须通过一系列环境经济政策和措施内部化环境行为的外部性。如果将传统行政手段比喻为外部约束，那么环境经济政策就是一种内在约束力量，能够有效降低环境治理成本与行政监控成本（OECD，1996；Stavins，1996）。常用的环境经济政策主要包括：环境税费、排污交易、对环保技术开发和使用给予财政补贴等（潘岳，2007；王金南等，2008）。类似绿色产品等生态标记手段（任勇等，2008），通过提高认证合格产品的价格，一方面能够激励生产者采用环境友好型生产技术；另一方面将生态保护成本转嫁给广大消费者，可以减轻政府财政负担。此外，教育和培训是保护环境非常重要的辅助手段（李克强，2000；李秉祥、黄泉川，2005）。因为只有群众的环保意识提高了，才会自发主动地保护环境，而且有学者通过计量模型分析农户数据发现，参与培训和教育能够促进农户对环境友好型技术的采用（Jamnick & Klindt，1985；Baidu – Forson，1999；张耀钢，2007；车晓皓，2010），本研究在前面的章节中也实证检验了这一结论。

本研究设计了以下三类情景：基期年情景（BAY）；基线情景（BLY）；政策情景。其中，政策情景是根据上述农业与环境政策设计的，目的是借助适地养分管理这种环境友好型技术的推广，实现环境行为外部性内部化，有效控制农业面源污染。政策情景具体包括：①培训与教育政策情景（Train）；②税收政策情景（F – tax）；③价格政策情景（Price）；④补贴政策情景（Sub）（见表 7 – 13）。在 FSSIM – China 模型模拟每一个政策情景时，目标函数中的系数和约束条件中的技术参数都要进行相应的调整。

BAY 情景是基期年情景。表示 2007 年的农业生产现状情况（包括各种作物的播种面积、施肥技术采用情况和作物产出情况等），是通过 FSSIM – China 模型在 PMP 模型的修正下重新生成（Reproduce）的估计值，与调研的实际观察值是一致的。

BLY 情景是基线情景。在保持现有政策不变（Business as Usual）的情况下，基于各种时变数据历年的平均增长率预测发展到 2020 年的生产情况。BLY 情景可以作为 2020 年各种农业与环境政策情景的对照情景。

表 7 – 13　情景设计说明

情景符号	情景名称	年份	情景描述	模型中主要系数变化
BAY	基期年情景	2007	FSSIM – China 模型在 PMP 模型修正生成的估计值，与观察值一致	—
BLY	基线情景	2020	在保持现有政策不变的情况下，发展到 2020 年的情况	时变数据[①]根据历年的平均增长率预测至 2020 年[②]
Policy	政策情景	2020	时变数据与 BLY 情景一致，政策情景下相比常规施肥，采用适地养分管理技术作物的养分吸收利用率提高 60%，作物田间管理阶段劳动时间投入增加 15%，相应的作物产量提高 15%[③]	
– Train	教育与培训政策	2020	通过组织培训和宣讲教育的形式向农户推广适地养分管理技术	假设农户田间管理阶段的劳动时间投入额外增加 15%
– F – tax	税收政策	2020	在农民购买化肥时，对其课征相当于化肥售价 10% 的化肥税	假设化肥价格全部上调 10%
– Price	价格政策	2020	将使用适地养分管理技术的环境友好型农产品的价格提高 5%	假设采用适地养分管理技术生产的农产品价格提高 5%
– Sub1	补贴政策 1	2020	对使用适地养分管理技术的农户额外给予相当于当年农资综合补贴 20% 的补贴	假设采用适地养分管理技术农户的农资综合补贴增加 20%
– Sub2	补贴政策 2	2020	只对使用适地养分管理技术的农户发放农资综合补贴，其他非适地养分管理技术农户没有	假设采用适地养分管理技术农户获得农资综合补贴，其他农户为零

注：①时变数据主要包括农产品价格、农资价格（种子、化肥、农药和机械）、作物产量、劳动力工资和种粮补贴等。②具体预测情况详见本章的参数说明部分。③适地养分管理技术的相关参数说明中提到，为了还原模拟适地养分管理技术的真实效果，假设在 BAY 和 BLY 情景下，适地养分管理技术作物的产量和养分的吸收利用率分别提高 10% 和 30%（Dobermann et al.，2002；Jing，2007；王光火等，2003；刘立军等，2003、2009；钟旭华等，2006）。现在 Policy 情景下，假设通过教育和培训，农户能够更好地掌握该技术的知识和操作手法，使得适地养分管理技术的效果进一步得到提升。故相比 BAY 和 BLY 情景的适地养分管理技术效果，Polciy 情景的适地养分管理技术下的作物产量和养分吸收利用率分别额外提高 5% 和 30%。

政策情景是 2020 年各种农业与环境政策的模拟情景。政策模拟中时变数据与 BLY 情景一致，但是在所有的农业与环境政策情景下，相比常规施肥技术，适地养分管理技术的养分吸收利用率提高 60%（Dobermann et al., 2002；王光火等，2003；Jing，2007；刘立军等，2009），相应的作物产量比常规施肥情况下的产量高 15%（王光火等，2003；刘立军等，2003；钟旭华等，2006）。由于适地养分管理相对复杂，故作物在田间管理阶段的劳动投入需要增加 15%。政策情景具体包括以下 5 种：

（1）教育培训政策情景（Train）。假设通过有效的培训和教育，随着农户对适地养分管理技术优势认识的提高，农户采用该技术的可能性越大，而且农户能够更好地掌握该技术的要点和操作手法，故假设该情景下农户会得到比常规施肥技术高出 15% 的作物产量，但是在作物田间管理阶段需要多投入 30%[1] 的劳动时间。

（2）税收政策情景（F – tax）。综合借鉴瑞典征收化肥税以及丹麦、芬兰等国家实行从价计征农药税的经验（孟磊、贾兴，2008），本研究假设农户在购买化肥时对其征收 10% 的化肥税，致使化肥价格上升。农户对化肥的消费具有一定的需求弹性，因而会减少化肥的施用量，或者选择化肥节约型的施肥技术，如适地养分管理的可能性更大。

（3）价格政策情景（Price）。环境友好型时代的到来引起消费需求的变化，消费者越来越关心产品的安全性、科学性与环境影响。参照绿色产品的市场价格和可行性，本研究假设将采用适地养分管理技术所收获农产品的价格均提高 5%，利用价格激励农户采用适地养分管理技术。

（4）第一种补贴政策情景（Sub1）。在 FSSIM – China 模型中种粮补贴模块包含两部分：作物补贴（粮食直补与良种补贴）和农资补贴。假设在 Sub1 情景下，不同施肥技术下所有作物的作物补贴不变，但是农资综合补贴有所调整，采用适地养分管理技术农户的农资综合补贴会额外提高 20%。

（5）第二种不同规则的补贴政策情景（Sub2）。现有农业补贴主要为了促进农业生产的高效、增产，而对农业环境保护考虑并不充分。而且研究表明，农资综合补贴导致化肥要素市场扭曲，激发化肥农业面源污染物排放（金书秦等，2009；葛继红、周曙东，2012）。所以 Sub2 情景对农资综合补贴进行调整，假设只有采用适地养分管理技术的农户才能获得农资综合补贴，而其他非适地养分管理技术农户的农资综合补贴为零。

---

① 田间管理阶段增加 30% 的劳动力投入，有 15% 是因为适地养分管理技术的需求，额外的 15% 是因为培训（Van Loon，2010）。

（二）评价指标筛选

为了评价上述情景对广义可持续发展的影响，本章基于可持续发展理论，根据九大土地利用功能（OECD，1994）从经济、社会和环境 3 个维度构建了太湖流域可持续发展的指标体系。在指标体系的构建过程中，主要依据以下几项原则：①与所讨论农业与环境政策相关；②可以计量；③可以同时运用于不同层次（农户、区域）；④不重复。指标体系的构建首先依据可持续发展的 3 个维度，即经济、社会和环境维度；结合考虑农业土地利用对应于经济（带动产业和服务、提供经济生产和物质生产）、社会（保障就业和生计、人类健康和粮食安全）与环境（非生物资源、生物资源、维持生态系统过程）方面所提供的功能；依据前面所提到的这 9 项土地利用功能并综合考虑 FSSIM – China 模型的结果中相关数据的可获得性提出相应的可持续发展指标（Pérez – Soba et al.，2008；Feng et al.，2011；Reidsma et al.，2011）。具体指标体系如表 7 – 14 所示。

表 7 – 14　评价指标体系

综合评价维度	发展目标	土地利用功能	评价指标	指标单位	效应
经济维度	增加农民收入和粮食产出，减少城乡收入差距	提供物质产品	作物总产量	千克/年	+
		经济产出	农户净收入	元/年	+
		带动产业和服务	农业生产成本	元/年	+
社会维度	保证粮食安全，为人们提供生计，确保人类健康	提供就业和生计	劳动力日均产出	元/日	+
		保护人类健康	农药毒性指数	—	
		保障粮食安全	水稻产量	千克/年	+
环境维度	提高太湖水质至 Ⅲ 类水标准	保护非生物资源	K 肥与 N 肥之比	—	+
		保护生物资源	N 肥投入量	千克/公顷·年	-
		维持生态系统过程	N 素流失量	千克/公顷·年	-

注：农业生产成本主要包括种子、化肥、农药和机械费用等生产成本；N 素流失量指流失到水体部分的 N 素，主要包括 N 素淋溶量和 N 素径流量。

1. 经济维度

经济维度的目标是保障农民收入，提高作物产量和缩小城乡收入差距，促进整个社会经济持续发展（Feng et al.，2011）。所选择的指标中，作物总产量（千克/年）是指农户水稻、小麦和油菜生产的总产量；农户净收入（元/年）为种植业总收入与可变成本之差；农业生产成本（元/年）反映种植业对相关产业的带动作用，如化肥施用的增加，虽然会增加农民的生产成本，但同时也会带动化肥产业、运输业等。所以，从整个社会总体经济收益的角度而言，3 个指标都属于正向指标，指标值增大表示对总体经济效应有益。

2. 社会维度

社会维度的目标是为保证粮食安全，为人们提供生计和确保人类健康。其中，为农民提供就业和生计指标可以用劳动力日均产出（元/日）表示，具体指农业劳动力每日的经济产出；农药毒性指数①可以反映对人类健康的威胁指数，当农药毒性指数低于 100 时，属于安全级别，在 100～200 间属于可允许范围，而超过 200 的安全阈值，就会对人类健康产生威胁（Vasisht et al.，2007；Verburg et al.，2008）；由于稻米是研究区域的主要粮食，所以选用水稻产量（千克/年）作为反映粮食安全的指标。显然，劳动力日均产出与水稻产量是正向指标，能够为农民提供生计和保障粮食安全，而农药毒性指数则是负向指标，期望能降低该指数。

3. 环境维度

环境维度的目标是减少化肥和农药的使用，提高太湖水质至 III 类水标准（Feng et al.，2011）。在太湖水体富营养化中，化肥中 N 素的贡献是最大的，首当其冲应该控制 N 肥的施用量和提高 N 肥的利用率，进而减少 N 素的流失。故选择单位土地面积上 N 肥投入量（千克/公顷·年）和 N 素流失量（千克/公顷·年）作为环境维度的指标，此外，由于目前太湖流域平衡施肥原则是突出 K 素补充，减少 N 肥施用量，K 肥成为影响作物对 N 肥吸收的限制因素，提高 K 肥与 N 肥的施用比例有助于提高 N 肥利用率，所以将 K 肥与 N 肥的施用比例作为环境指标之一。3 个环境指标中，N 肥投入量和 N 素流失量为负向指标，指标值越小对环境越有利；K 肥与 N 肥之比是正向指标，该指标的提高有利于 N 肥利用率的提高。

四、模拟结果和政策启示

如前文所述，本研究将无锡、常州和镇江 3 市的 268 个样本农户根据土地经营规模和非农收入聚类成 4 种农户类型（农户类型 1～3 属于小规模农户，但非农收入依次递增，而种植大户是种植大户，非农收入则与低兼小农相当），由于不同城市的同一种农户类型的资源禀赋和经营情况比较相似，所得的模拟结果也

---

① 农药毒性指数 = 农药使用量（千克/公顷）× 有效成分（千克/升或千克/千克）× 毒性指数 × 残留指数 ÷ 100

比较近似，所以为了避免反复赘述，本研究只选择常州市作为分析对象，详细剖析常州市4种农户类型在不同模拟情景下的土地利用决策行为（种植行为选择和技术选择）以及所产生的经济、社会和环境影响（无锡市和镇江市各种农户类型的模拟结果详见附录4和附录5）。选择常州作为详细分析对象的原因是，根据《太湖流域水环境综合治理总体方案》统计，1998～2006年环太湖地区中常州河流入湖水质是最差的，高锰酸盐指数、TP和TN的多年平均浓度值为8.05毫克/升、0.27毫克/升和5.68毫克/升（国家发改委，2008），分别是Ⅲ类水的标准限值①的1.34倍、5.4倍和5.68倍，而且各项水质指标均呈恶化趋势，故常州市降低农田污染的任务更紧迫和艰巨。根据聚类结果，常州市4种农户类型覆盖的样本数量为60户、34户、11户和5户，分别占各类型总样本的40%、37%、65%和50%。下面将对常州市4种农户类型的模拟结果展开讨论。

（一）基期年（BAY）情景结果分析

基期年（BAY）情景的结果是FSSIM-China模型经过PMP模型修正后，复制生成（Reproduce）与2007年调研观察值一致的模拟结果，并不是理论上的最优解。下面从农户农业生产的投入—产出、种植结构、施肥技术采用情况和与环境相关的指标等方面对BAY情景下常州市4种农户类型进行比较分析。

1. BAY情景下耕地种植情况分析

图7-7和图7-8分别展示了BAY情景与没有政策干预的基线（BLY）情景下常州4种农户类型的种植结构，此处只对BAY情景的种植情况进行讨论。水稻、小麦和油菜是调研区域的主要大田作物，其中，水稻和小麦占据最大的播种份额，两者种植面积之和占各种农户类型总播种面积的93%、97%和99%（见图7-7）。相对而言，油菜并不占优势，调研中，农户也表示不愿意种植油菜，原因是油菜需要投入大量劳动力，但是出售价格不高，相对收益率不如水稻和小麦。

水稻—小麦轮作和水稻—油菜轮作是研究区域主要的轮作体系，此外，也存在只种植单季水稻、小麦或者油菜的情况，各种轮作方式之和便是耕地面积。图7-8显示，低兼小农和种植大户以双季作物为主，两季轮作面积占耕地面积的84%和87%，其中水稻—小麦轮作在双季轮作中占主要地位，比例为85%和98%。而中兼和高兼小农的单季作物则占到耕地面积的54%和70%，其中单季水稻和单季小麦比例几乎参半，而单季油菜的面积比较小。

---

① 根据《地表水环境质量标准》（GB 3838—2002），湖、库Ⅲ类水的高锰酸盐指数、TP和TN标准限值分别为6毫克/升、0.05毫克/升和1毫克/升。

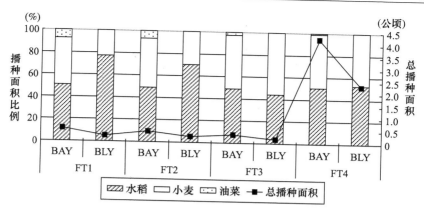

图 7-7 常州市 4 种农户类型 BAY 和 BLY 情景的作物种植情况

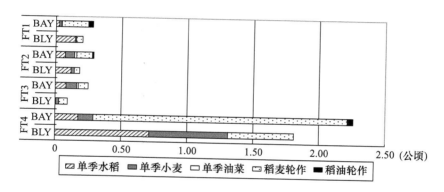

图 7-8 常州市 4 种农户类型 BAY 和 BLY 情景的作物轮作情况

2. BAY 情景下技术采用情况分析

技术采用主要包括施肥技术和机插秧技术。本研究关注的施肥技术主要包括常规施肥技术、测土配方施肥技术和适地养分管理技术，图 7-9 给出了各种农户类型在 BAY 情景下施肥技术和机插秧技术的采用情况。就施肥技术而言，常规施肥技术是 BAY 情景所有农户类型最主要的施肥技术，4 种农户类型常规施肥技术的采用率分别为 88%、91%、98% 和 73%；而测土配方施肥技术和适地养分管理技术在 BAY 情景下采用率较低，只有种植大户的使用率稍高，但两者的使用面积之和也只占到 27%。

机插秧也是本研究关注的技术之一，因为机插秧可以节省劳动力，而适地养分管理技术是相对耗费劳动力的环境友好型技术，两种技术之间可能存在互补关系，即机插秧技术使用的提高可能会带动适地养分管理技术的采用。但是 BAY

情景的结果并未验证这一设想，高兼小农的机插秧使用率最高，然而其适地养分管理技术的采用率却是最低的。原因可能是高兼小农非农就业高，可用于农业生产的劳动力相对较少，倾向使用机械替代劳动力进行水稻插秧，而适地养分管理技术是劳动密集型的施肥技术，自然不受该农户类型青睐，故出现机插秧采用率高而适地养分管理技术使用低的情况。而种植大户虽然耕地面积大，若全部使用机插秧，成本会非常高，况且其劳动力也相对充裕，所以该农户类型使用机插秧的比例最低。但是两种技术的关系值得进一步模拟和验证。

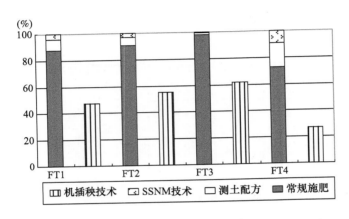

图 7 - 9　BAY 情景下常州市 4 种农户类型的施肥技术和机插秧采纳情况

3. BAY 情景下投入—产出分析

农业生产的投入—产出情况与农户类型的特性密切相关。从表 7 - 15 常州市 4 种农户类型 BAY 情景下的土地经营、生产投入和产出情况可以看出，低兼小农和种植大户的复种指数最高（184% 和 187%），比中兼和高兼小农高出 50% 左右，而且单位耕地面积的流动资金投入较高，相应单位土地的作物产出和净收益也是最高的，说明低兼小农和种植大户对农业生产的依赖性最强。下面从土地经营规模差异和兼业化程度差异两个层面对不同特征农户的投入—产出情况进行讨论。

从土地经营规模差异角度看，兼业化程度相当的低兼小农和种植大户的比较具有代表性。从劳动力投入看，低兼小农的劳动力投入是最高的（238 日/公顷），但是种植大户的劳动力投入并不高，只有 161 日/公顷，表明土地经营规模小更有利于精耕细作，同时单位面积的增收效果也较好，因为低兼小农单位土地作物产出和净收益比种植大户分别高 94 千克/公顷和 811 元/公顷。但是，种植大户的土地经营规模大，所以该农户类型的户均年净收入依然是更高的，进而表征劳动力使用效率的劳动力日均产出是最高的，每个劳动日可以赚取 60 元，而其他农户类型只有 45 元／日左右。

从兼业化程度划分，低兼小农和高兼小农的耕地面积相当，均属于小农户。但是由于高兼小农可以获得较高的非农收入而且农业劳动力比较少，其进行农业生产主要是为了满足口粮，故该农户类型的复种指数最低，单位土地投入的劳动力和资金只有 157 日／公顷和 7140 元／公顷，相当于低兼小农的 65% 和 66%，导致单位面积的作物产量和净收益也相应比低兼小农减收 30% 左右。

表 7 - 15   BAY 情景下常州市 4 种农户类型的投入—产出情况

农户类型	土地经营情况			单位面积投入情况		单位面积产出情况		
	耕地面积（公顷）	播种面积（公顷）	复种指数（%）	劳动力投入（日／公顷）	资金总投入（元／公顷）	作物产出（千克／公顷）	种植业净收益（元／公顷）	劳动力日均产出（元／日）
低兼小农	0.28	0.52	184	238	10829	11366	10513	44
中兼小农	0.29	0.43	146	184	8204	8974	8172	44
高兼小农	0.25	0.32	130	157	7140	8072	7224	46
种植大户	2.26	4.23	187	161	10349	11272	9702	60

注：单位面积的投入和产出情况中单位面积是指耕地面积；本研究的资金投入指流动资金的投入，主要包括用于购买种子、化肥、农药、雇佣机械和劳动力的支出；劳动力日均产出＝单位面积种植净收益／单位面积劳动力投入。

4. BAY 情景下相关环境指标分析

化肥和农药的施用是作物生长过程中对环境影响最显著的环节之一。通过 FSSIM - China 模型对常州市 4 种农户类型化肥和农药施用行为的模拟，得到各种农户类型 N、P、K 肥投入（折纯量）和 N 素流失情况，以及农药毒性指数。结果显示，单位耕地上化肥和农药的投入与轮作体系（单季作物或者双季轮作）紧密相关。由于低兼小农和种植大户双季作物的种植比例高达 80% 以上，故该两种农户类型的 N、P、K 等养分的投入量、流失量和农药毒性指数均是最高的，而以单季作物种植为主的高兼小农所有与环境相关的指标均最小（见表 7 - 16）。低兼小农平均施 N 量达 503 千克／公顷，这与前人的研究结果非常吻合，即太湖流域稻麦轮作体系平均施 N 量已经超过 500 千克／公顷（黄进宝等，2007；晏娟等，2009b；焦雯珺等，2011）。适度提高 K/N 肥施用比例可以增加 N 素的吸收利用率，测土配方施肥和适地养分管理技术的功效之一也体现于此。种植大户的测土配方采用率最高，故其 K/N 肥施用比例较高（0.241）。此外，所有农户类型的农药毒性指数均超过 200 的安全阈值，充分说明研究区域农药使用的不合理，有些农户认为现在政府广泛推广的低毒、低残留农药效果并不好，故刻意增加使用剂量甚至使用高毒农药。

表 7 - 16　BAY 情景下常州市 4 种农户类型的环境指标

农户类型	N 肥投入量 （千克/公顷·年）	P 肥投入量 （千克/公顷·年）	K 肥投入量 （千克/公顷·年）	K/N 肥比例 （%）	N 素流失量 （千克/公顷·年）	农药毒性 指数
低兼小农	503	92	95	0.189	121	538
中兼小农	354	65	68	0.192	84	447
高兼小农	267	49	48	0.181	64	391
种植大户	451	94	109	0.241	109	601

（二）基线（BLY）情景模拟结果分析

基线（BLY）情景模拟的是假设保持目前的政策不变发展到 2020 年的情形。各种农资价格、作物出售价格、劳动力雇佣价格、作物产量和农业劳动力等需要根据历年变化趋势进行预测。此外，2020 年常州市 4 种农户类型分配在水稻、小麦和油菜种植上的劳动日（即劳动力约束）减少至 38 日、30 日、22 日和 204 日（见表 7 - 12）。

1. BLY 情景下种植情况分析

模拟结果显示，BLY 情景下 4 种农户类型的耕地面积比 BAY 情景分别减少28%、36%、62% 和 20%，而播种面积分别减少 52%、46%、51% 和 45%（见图 7 - 7 和图 7 - 8），主要原因是 BLY 情景下各种农户类型的农业劳动力比 BAY情景减少 40% 左右，同时农业劳动力的雇佣工资预测涨至 119 元/日，所以劳动力不足限制了经营面积进一步扩张。随着劳动力和耕地面积变化，农户相应调整了种植结构，BLY 情景下所有农户类型都放弃种植油菜，而且双季作物种植比例显著减少，单季作物尤其是单季水稻的种植比例相应增加。具体而言，BAY 情景下以双季作物种植为主的低兼小农和种植大户，BLY 情景下单季作物反而占耕地面积 76% 和 72%，中兼小农的单季作物播种比例也从 BAY 情景的 54% 增加到76%。而且，单季水稻在低兼小农、中兼小农和种植大户分别占据单季作物种植面积的 94%、83% 和 55%。但是非农收入最高的高兼小农与其他农户类型变化并不一致，首先由于其劳动力约束只有 22 个劳动日，而水稻、小麦和油菜每公顷平均需要投入劳动力约为 165 日、107 日和 166 日，故 BLY 情景高兼小农的耕地面积减少至 0.094 公顷，降幅达 62%，但是为了实现净收益最大化并有效配置劳动力，模拟结果是维持较小的耕地面积，但进行较高的复种行为，故 BLY 情景高兼小农的水稻—小麦轮作的种植面积占耕地面积的 68%（见图 7 – 8）。

2. BLY 情景下技术采用情况分析

BLY 情景下，技术采用率也发生了变化。图 7 – 10 展示了 BAY 情景和 BLY 情景各种施肥技术的采用情况对比，常规施肥技术在 BLY 情景下的采用率依然是最高的，在各种农户类型使用率分别达到 73%、80%、96% 和 54%，然而测土配方施肥和适地养分管理技术的使用也存在明显扩张。在测土配方施肥技术方面，原本该技术使用率最高的种植大户（18%），在 BLY 情景依然保持最高（34%），低兼小农和中兼小农的采用率也有明显提升。从适地养分管理技术看，种植大户的适地养分管理技术使用面积绝对值增加量更多，但其土地经营规模大，故增加幅度低于低兼小农和中兼小农。高兼小农对测土配方和适地养分管理技术均不敏感，变化量微弱，估计与劳动力约束有关。

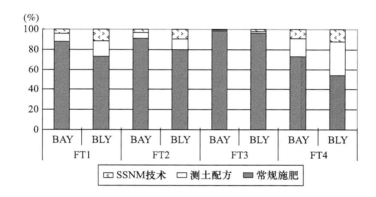

图 7 – 10　常州市 4 种农户类型 BAY 和 BLY 情景的施肥技术采纳情况

3. BLY 情景下经济、社会和环境效应分析

不同的土地利用决策行为，包括作物种植结构选择行为和技术采纳行为，会产生不同的经济、社会和环境效应。图 7 – 11 概括了各种农户类型 BAY 情景和 BLY 情景下 9 个指标值的变化率，各指标变化率均是以该农户类型 BAY 情景各指标值作为基准计算而得。其中，作物总产出、净收益和农业生产成本等正向指标以实际变化率表示，而农药毒性指数、N 肥投入量和 N 素流失量等负向指标则以其相反数表示，这样所有指标所构成的面积越大表示经济、社会和环境 3 方面总体改善水平越高。图中的原点线（0%）表示 BAY 情景，其余的线条表示各种农户类型 BLY 情景的变化情况。从图中可以看出，环境指标显著改善尤其是 N 肥投入量和 N 素流失，社会指标中表征人类健康的农药毒性指数也显著降低，主要是各种农户类型的播种面积均下降 50% 左右，农业集约化程度降低所致。但

是同时粮食安全受到极大的威胁，农民收入也得不到保障，严重制约区域的可持续发展。从指标构成的区域面积看，中兼小农的总体情况较好，而高兼小农比较差。原因是高兼小农的耕地经营面积减少幅度最大（62%），所以相应的作物产出和净收益均比其他农户类型减少更多。

表7-17给出了上述蜘蛛网图详细的数据，具体来说：

（1）经济指标中，所有农户类型在BLY情景的户均作物总产出和户均种植业净收益均表现不同程度的减少，作物总产出减少32%~45%，但由于2020年作物的出售价格有所上涨，故两种情景下净收益值仍然比较接近，减少幅度远低于作物总产出。由于农资价格上涨，即使播种面积大大减少，但是农业生产成本降幅不明显，中兼小农和种植大户甚至出现增加情况。

（2）社会指标中，4种农户类型的劳动力日均产出从BAY情景的44元、44元、46元和60元分别涨至76元、75元、66元和98元，说明劳动效率显著提高。代表对人类健康影响的农药毒性指数显著降低，高兼小农甚至降到184，低于200的安全阈值。但是同时，粮食安全受到严重威胁，BLY情景各农户类型的水稻产量分别减少17%、12%、51%和37%。高兼小农的户均水稻产量仅有582千克，基本只能满足自家的口粮需求。

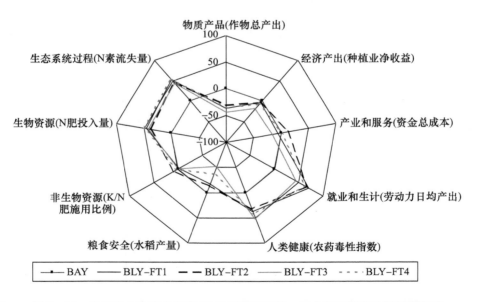

图7-11　常州市4种农户类型BLY情景下经济、社会和环境效应指标变化率

（3）环境指标中，测土配方施肥和适地养分管理技术采用率的增加总体上也提升了K/N肥施用比例。由于复种指数总体降低，所以单位土地每年的N肥

投入量和 N 素流失量均降低 38% ~ 53% 不等。也就是，BLY 情景下环境的改善是以牺牲粮食安全和农户收入作为代价的。

表 7 – 17　常州市 4 种农户类型 BAY 和 BLY 情景下经济、社会和环境效应指标

维度	土地利用功能	评价指标	效应	低兼小农		中兼小农		高兼小农		种植大户	
				BAY	BLY	BAY	BLY	BAY	BLY	BAY	BLY
经济维度	提供物质产品	作物总产出（千克/年）	+	3209	1983	2616	1774	2013	1104	25476	16004
	经济产出	种植业净收益（元/年）	+	2968	2874	2382	2241	1802	1458	21925	20035
	带动产业和服务	农业生产成本（元/年）	+	3058	2872	2392	2731	1781	1500	23389	23718
社会维度	提供就业和生计	劳动日均产出（元/日）	+	44	76	44	75	46	66	60	98
	保护人类健康	农药毒性指数		538	336	447	300	391	184	601	336
	保障粮食安全	水稻产量（千克/年）	+	1974	1636	1568	1373	1181	582	15206	9636
环境维度	保护非生物资源	K/N 肥施用比例	+	0.189	0.187	0.192	0.209	0.181	0.181	0.241	0.250
	保护生物资源	N 肥投入量（千克/公顷·年）	–	503	276	354	218	267	156	451	229
	维持生态系统	N 素流失量（千克/公顷·年）	–	121	59	84	47	64	37	109	52

注：表中 BLY 情景下种植业净收益、农业生产成本和劳动力日均产出的值均是与 2007 年（BAY 情景）购买力相等的金额，所以并不是届时农户实际发生额。

（三）政策情景模拟结果分析

从上述 BLY 情景模拟结果得知，如果没有任何政策诱导，适地养分管理技术采用率的增加幅度非常有限。然而，通过引入有效的政策激励，能够改变农户的种植结构行为和环境友好型技术采纳行为，进而产生不同的经济、社会和环境效应。

1. 政策情景下作物种植情况分析

从图 7 – 12 作物的种植结构情况可以看出，4 种农户类型在各种政策情景下作物的总播种面积（线图）与 BLY 情景比较持平，不过作物种植结构（柱状图）

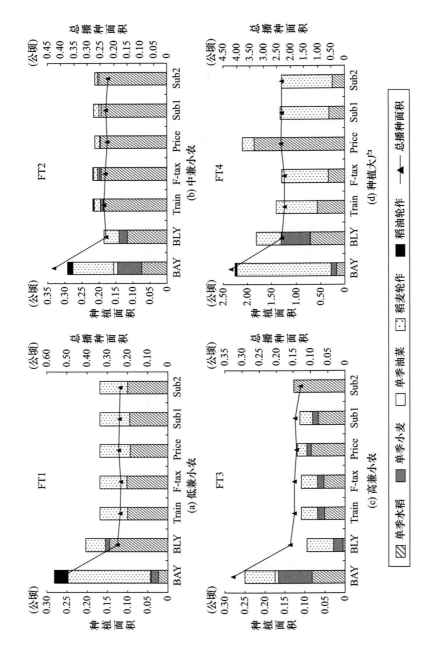

图 7 - 12 常州市 4 种农户类型各种情景下作物轮作情况

有所调整，政策情景下低兼小农和种植大户增加了双季作物的种植面积，而中兼和高兼小农则刚好相反，增加了单季作物的面积，但是同一种农户类型在不同政策情景下的种植结构总体比较相似。

具体而言，在政策情景下小规模农户（农户类型1~3）的单季作物占据主导地位，其中低兼小农的单季水稻和稻麦轮作比例分别维持在60%和40%左右；中兼和高兼小农的单季作物分别占到90%和80%左右。然而种植大户则以双季作物为主，达到70%左右，但是提高适地养分管理技术农产品价格情景（Price）是一个特例，在该情景耕地面积几乎与BAY情景齐平，但是90%为单季水稻，可能的原因是，价格补贴政策的激励作用与作物产量相关，水稻产量高且种植大户的土地经营规模大，容易形成规模效益，所以价格补贴对其效果尤其显著。

2. 政策情景下技术采用情况分析

（1）施肥技术。图7-13的柱状图展示了各种农户类型在不同政策情景下施肥技术的采用情况，从总体政策效果看，所有政策都显著提高了适地养分管理技术的使用率。其中，农资综合补贴只发放给采用适地养分管理技术农户的情景（Sub2）作用最明显，该情景下所有农户类型的适地养分管理技术使用面积均达到100%；其次是将适地养分管理农产品价格提高5%的政策（Price），适地养分管理技术平均采用率约为90%；对使用适地养分管理技术的农户增加20%的农资综合补贴政策（Sub1）也能将适地养分管理技术的平均采用率提升至80%。相比之下，购买课征相当于其价格10%的化肥税（F-tax）和对农户进行适地养分管理技术培训（Trian）两种政策虽然不如补贴型政策，但是也能有效诱导农户采用适地养分管理技术，平均采用率分别为69%和66%。

虽然各种政策能够显著提高适地养分管理技术的采用水平，但是不同农户类型对政策的敏感性和反应强度存在较大差异。总体来说，低兼小农和种植大户对各种政策的反应强度是最大的，尤其是低兼小农，几乎所有政策情景下的适地养分管理技术采用率将近100%（见图7-13）。然而高兼小农对政策敏感度最低，除Sub2情景外（经济激励足够大导致100%采用适地养分管理技术），其他情景下适地养分管理技术的使用率仅为32%~56%不等。有两个可能的解释：第一，相比低兼小农和种植大户而言，高兼小农的非农收入最高，对农业依赖程度较低，故对农业政策的调整比较不敏感；第二，高兼小农的农业劳动力比较少，而适地养分管理技术相对属于劳动密集型技术，这可能是限制其进一步提高该技术采用率的原因。

（2）施肥技术与机插秧技术关系。从图7-13的线状图可以看出，相比BLY情景，所有农户类型机插秧的比例在政策情景下均有上涨，尤其是中兼小农和种植大户的涨幅最明显，种植大户在Price、Sub1和Sub2情景的机插秧率甚至达到

100%。这也可以证明适地养分管理技术与机插秧之间存在劳动力互补关系，适地养分管理技术采用率的提高需要农民在施肥环节投入更多劳动力，但是在劳动力有限的情况下，农户会在插秧环节使用机械以节省劳动力。此外，相关系数可能是较好的解释方式。通过统计软件 STATA 求得各种农户类型适地养分管理技术和机插秧技术采用率之间的相关系数①分别为 0.23、0.89、0.15 和 0.97，说明两种技术之间的确存在相互促进关系，只是这种正向激励作用在中兼小农和种植大户中表现更加突出。

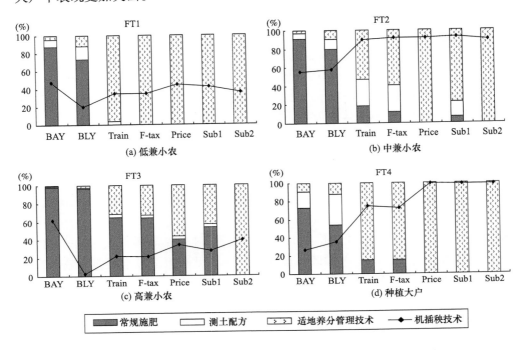

图 7-13　常州市 4 种农户类型各种情景下施肥技术和机插秧采纳情况

3. 政策情景下经济、社会和环境效应分析

从图 7-12 可以发现，同一种农户类型政策情景与 BLY 情景的播种面积相当，而且种植结构相似，但是技术采纳行为，主要是适地养分管理技术的采纳差异较大，所以政策情景与 BLY 情景的经济、社会和环境方面的效应差别就可以反映适地养分管理技术的实际效果。图 7-14 给出了 4 种农户类型在 2020 年各种

---

①　计算各农户类型适地养分管理技术和机插秧技术相关系数使用的是技术采用率，而不是技术实际使用面积，原因是机插秧技术使用面积只与水稻种植面积有关，而适地养分管理技术使用面积受水稻、小麦和油菜种植面积共同影响，故使用比例更能准确描绘两种技术之间的关系。

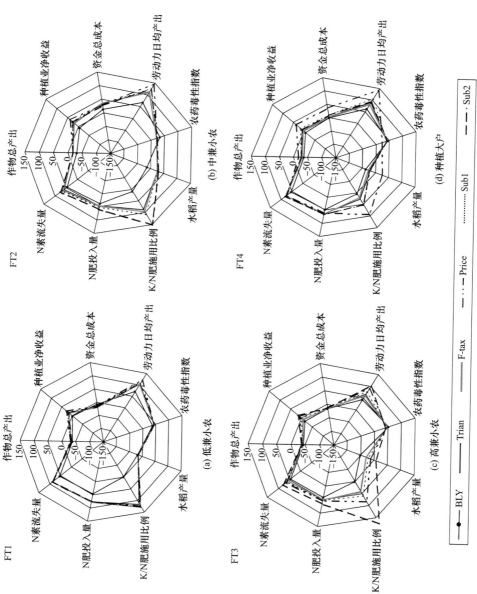

图7-14 常州市4种农户类型各种情景下经济、社会和环境效应指标变化率（BAY=0%）

情景下经济、社会和环境效应指标的变化率（BAY = 0%）。结果发现，所有农户类型政策情景下所构成的面积总体大于没有任何政策变化的 BLY 情景，说明各类农业与环境政策确实有效改善区域的经济、社会和环境表现，其中补贴政策情景（Price、Sub1、Sub2）优于化肥税（F - tax）和教育培训政策（Train）。

表 7 - 18 展示了各种农业与环境政策情景与没有政策干预情景（BLY）相比的变化率（BLY = 0%），从各维度评价指标具体变化值看，相比 BLY 情景，政策情景的所有环境指标均表现显著改善，其中 K/N 肥施用比例增加最显著（17% ~ 174% 不等），其次是 N 素流失量减少明显（ - 71% ~ - 21% 不等），N 素投入量也得到有效控制（ - 56% ~ - 13% 不等）。由于政策情景和 BLY 情景播种面积变化不大，所以，此处环境改善的主要原因是适地养分管理技术采用率的大幅提高。经济指标中，作物总产出和农户净收入也显著增加，但是表征对产业和服务业带动的指标——农业生产成本总体也是提高的，但是在低兼小农中却表现出下降情况。社会指标中，表征粮食安全的水稻产量和表示劳动效率的劳动力日均产出均表现为改善趋势，但是反映对人类健康的农药毒性指数总体却呈现恶化现象（除低兼小农之外），可能的原因是其余农户类型在政策情景下水稻种植面积比 BLY 情景增加，而水稻的农药使用量又明显高于小麦和油菜。如果说 BLY 情景下环境改善是以牺牲粮食安全和农民收入作为代价，那么可以说，政策情景下环境得到改善的同时，粮食安全和农民收入也得到相应保障。

为了说明不同农业与环境政策的影响效果差异，下面对每一种农户类型的不同政策情景之间的可持续评价指标进行讨论。由于低兼小农对各种农业与环境政策灵敏度非常高，所有政策情景的适地养分管理技术采用率均为 100%，所以该农户的政策情景线图几乎合成一条曲线，无法体现政策影响差异。中兼小农在将适地养分管理农产品价格提高 5% 的政策（Price）和农资综合补贴只发放给采用适地养分管理技术农户的（Sub2）政策引导下，适地养分管理技术的使用面积达到 100%，故这两种情景构成的蜘蛛网面积最大，反映对经济、社会和环境 3 方面改善程度最大。各种农业与环境政策对高兼小农的引导效果最不理想，只有在 Sub2 情景下适地养分管理技术采用率达到最高。种植大户的总体情况与低兼小农相似，各种政策情景结果比较趋同，但是存在一个特殊情况，在价格补贴政策激励下，不仅适地养分管理技术达到 100%，为了实现净收益最大化水稻种植面积也达到最大。但是农药毒性指数也远高于其他情景，说明水稻作物是农药毒性指数居高不下的主要根源。

（四）政策组合情景讨论

从上述各种政策模拟结果可以发现，适地养分管理技术与机插秧技术采用率之间的相关系数为正，本部分试图在各种政策情景基础上组合添加机插秧补贴情景，进一步剖析两种技术之间的关系。机插秧补贴一般是针对插秧机购买的补贴，但是我国目前也出现向农户发放水稻机插秧作业补贴的试点。2012 年，重庆市在西部率先试点给予使用机插秧的农户每亩 30 元的补贴，以此提高水稻生产机械化水平。所以本研究所设置的机插秧情景是假设给予机插秧使用户相当于机插秧费用 40% 的补贴，该比例是目前购买插秧机所获得补贴的比例。

表 7 - 18　常州市 4 种农户类型各种情景下经济、社会和环境效应指标变化率 （BLY = 0%）

单位:%

情景 影响		经济指标			社会指标			环境指标		
		作物总产量	农户净收入	农业生产成本	劳动力日均产出	农药毒性指数	水稻产量	K/N 肥之比	N 肥投入量	N 素流失量
		+	+	+	+	−	+	+	−	−
低兼小农	Train	6	20	− 14	20	− 10	0	118	− 54	− 68
	F − tax	6	19	− 13	19	− 11	1	130	− 57	− 71
	Price	10	31	− 10	31	− 9	2	127	− 55	− 70
	Sub1	9	26	− 11	26	− 9	2	128	− 55	− 70
	Sub2	6	21	− 14	21	− 10	1	130	− 56	− 70
中兼小农	Train	21	27	19	27	17	44	71	− 13	− 27
	F − tax	20	26	20	26	16	45	80	− 17	− 33
	Price	21	46	13	46	15	49	131	− 36	− 55
	Sub1	20	35	16	35	15	46	91	− 23	− 41
	Sub2	19	34	12	34	14	49	133	− 37	− 55
高兼小农	Train	6	15	2	15	11	43	42	− 14	− 21
	F − tax	5	13	4	13	10	44	43	− 15	− 23
	Price	11	33	5	33	19	76	83	− 23	− 37
	Sub1	8	23	3	23	14	59	60	− 19	− 29
	Sub2	14	41	3	41	27	117	174	− 42	− 62
种植大户	Train	10	17	4	17	6	28	24	− 30	− 49
	F − tax	8	12	2	12	1	17	17	− 31	− 50
	Price	30	49	34	49	36	100	86	− 26	− 48
	Sub1	16	27	10	27	4	27	48	− 36	− 58
	Sub2	15	19	9	19	3	23	46	− 36	− 58

图 7-15 是机插秧补贴前后，机插秧技术和适地养分管理技术的使用率比较，图的左半部分展示了机插秧情况，右半部分是适地养分管理技术情况。从中可以看出，在机插秧补贴下，所有农户类型的机插秧使用面积迅速扩张，但是低兼小农和高兼小农仍未达到 100% 的采用率。然而，适地养分管理技术的变化情况与预期并不完全一致（除了 Sub2 结果比较稳定①之外）。规模经营的种植大户在机插秧补贴下，后 3 种适地养分管理技术补贴情景的适地养分管理技术采用率依然保持 100%，培训教育和化肥税政策的适地养分管理使用率也有细微增加，这与预期相吻合。但是与预期不一致的是，3 种小规模农户在机插秧补贴下适地养分管理技术的使用率反而出现不同程度的缩减，其中低兼小农的降幅最大。

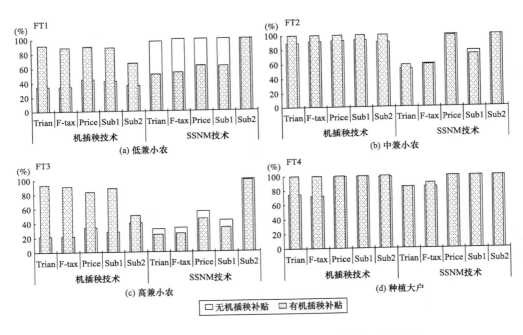

图 7-15　机插秧补贴前后 4 种农户类型政策情景下机插秧和
适地养分管理技术使用比例变化情况

综合分析表 7-19 机插秧补贴前后耕地面积、播种面积和适地养分管理技术使用面积的变化情况得到，耕地面积和播种面积都出现扩张，说明在劳动力相同

---

① 因为 Sub 2 情景对农户的经济激励足够大，以致适地养分管理技术的采用率能够一直保持在 100% 左右。

的情况下，机械化有利于粮食播种面积的增加。不过主要是水稻面积的扩张，有限的劳动力约束反而会降低复种指数，导致小麦和油菜等作物的面积缩减，故出现耕地面积增加速度大于播种面积的现象。在此基础上，分析各农户类型适地养分管理技术采用率变化的原因：低兼小农和高兼小农的适地养分管理技术实际使用面积呈缩减趋势，如果在劳动力一定的情况下，随着播种面积的扩大，适地养分管理技术采用的可能性自然会下降；中兼小农的适地养分管理技术实际使用面积虽然有微弱增加，但是增长幅度落后于播种面积的扩张速度，所以该农户的适地养分管理技术采用比例总体趋势依然下降；种植大户的适地养分管理技术使用面积扩张幅度与播种面积持平或者稍高，所以该农户类型的适地养分管理技术稳中有升。总而言之，机插秧补贴的确能够提高水稻机插秧的使用率，释放部分劳动力，但是劳动力的配置是多样的，农户并不一定首选会将节省出来的劳动力补充到相对劳动密集型技术，如适地养分管理技术，而是用于扩张播种面积（主要是水稻面积）以继续追求利益最大化。小规模农户的适地养分管理使用率反而会降低，尤其是对农业依赖程度较大的低兼小农，但是同样对农业非常依赖的种植大户，在扩张播种面积的同时也会增加适地养分管理技术的使用面积。

表7-19 机插秧补贴后4种农户类型各种政策情景的耕地、
播种面积和适地养分管理技术使用面积变化率

农户类型		Train		F-tax		Price		Sub 1		Sub 2	
		面积（公顷）	变化率（%）	面积（公顷）	变化率（%）	面积（公顷）	变化率（%）	面积（公顷）	变化率（%）	面积（公顷）	变化率（%）
耕地面积	低兼小农	0.28	70	0.28	70	0.28	65	0.28	66	0.17	0
	中兼小农	0.22	1	0.22	0	0.21	2	0.22	1	0.21	1
	高兼小农	0.17	56	0.16	51	0.16	38	0.17	47	0.13	5
	种植大户	2.15	53	2.15	67	2.15	2	2.15	62	2.15	67
播种面积	低兼小农	0.30	29	0.30	27	0.30	21	0.29	22	0.26	12
	中兼小农	0.24	2	0.24	3	0.23	3	0.24	3	0.23	4
	高兼小农	0.19	26	0.18	25	0.17	20	0.18	23	0.13	5
	种植大户	2.40	7	2.38	7	2.35	0	2.35	1	2.35	1
技术采用面积	低兼小农	0.16	-31	0.16	-32	0.19	-23	0.18	-24	0.26	12
	中兼小农	0.14	13	0.14	2	0.23	1	0.17	-2	0.23	4
	高兼小农	0.04	-7	0.05	-3	0.08	-4	0.06	-5	0.13	4
	种植大户	2.03	7	2.14	13	2.35	0	2.35	1	2.35	1

（五）其他情景讨论

作物价格是影响农户从事农业生产积极性的关键因素之一，故模拟分析作物价格波动对农户的土地利用决策变化具有重要意义。规模化和现代化是农业发展的趋势，种植大户是未来农业发展的主力军，研究现有面向种植大户的补贴模式对作物种植和农民收入等方面的影响，可以为制定更有效的补贴方案提供政策建议。所以本部分主要针对作物价格变动和种植大户补贴模式对农户生产行为的影响进行讨论。

1. 作物价格变化的影响

根据经济合作与发展组织（OCED）、联合国粮农组织（FAO）和国际援助机构牛津饥荒救济委员会（Oxfam）等权威组织预测，未来农产品价格依然会居高不下，部分主要粮食作物的价格甚至在未来20年内翻倍。对于农民而言，作物价格是种植决策的风向标，与种粮积极性紧密联系。本部分模拟 BLY 情景下水稻、小麦和油菜同比例价格波动情况，研究对象选取对农业生产依赖程度较高的低兼小农和种植大户，分别代表小规模农户和种植大户，比较两种农户类型应对作物价格波动的种植结构和技术采用的决策变化。0% 的价格变化率表示 2020 年预测的作物价格本身，并以此为参照。

模拟结果显示，随着水稻、小麦和油菜作物价格同比例上涨，低兼小农和种植大户的总播种面积均有所增加，其中水稻面积扩张更明显；若作物价格同比例下跌（－5% 和 －10%），低兼小农会缩减总播种面积，同时会稍微提高小麦种植面积的比例，而种植大户的播种面积反而上升，而且小麦种植比例迅速扩大（见图 7－16）。可能的解释是，当作物价格同比例下降后，水稻的利润率不如小麦，种植大户就将有限的劳动力主要配置在小麦种植上，而小麦耗费的劳动力较少，所以农户可以通过进一步扩张播种面积以获得更多利润。无论 3 种作物价格如何同比例变动，小规模农户和种植大户的油菜种植面积始终为零，充分说明调动农民种植油菜积极性的困难。图 7－17 展示了价格波动下施肥技术和机插秧技术的采用情况，随着作物价格上涨，低兼小农和种植大户机插秧的使用率都显著攀升，原因是涨价后的水稻利润率高于小麦和油菜，农户愿意通过雇佣机械替代劳动力，提高水稻种植效率和面积。从施肥技术看，作物价格波动对小规模农户施肥技术采用的影响并不大，除了测土配方的使用随着价格升高有细微上涨。但是对种植大户的影响很明显，随着作物价格上升，种植大户的测土配方和适地养分管理技术的使用率显著增加，尤其是测土配方施肥技术。

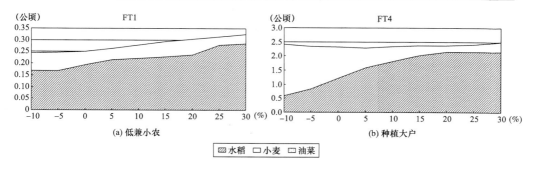

图7-16　不同作物价格变化率下低兼小农和种植大户的作物种植情况

注：无油菜指标是因为无人选择种植油菜。

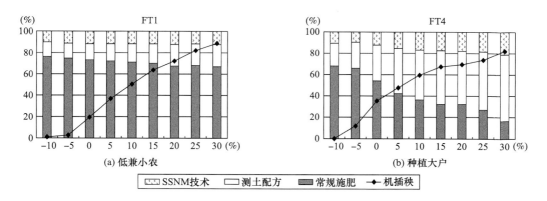

图7-17　不同作物价格变化率下低兼小农和种植大户的施肥技术和机插秧技术使用情况

2. 种植大户的补贴模式比较

随着城市化和工业化快速发展，农村大量青壮年劳动力转移到非农就业岗位，目前留守农田并继续耕种的农民越来越少，而且老龄化现象严重，所以中国农业必须走规模化和现代化道路，种植大户无疑是未来农业发展的主力军。为了调动农民发展粮油生产的积极性，促进规模生产，部分地方向种植大户发放直接补贴，主要有两种形式：一是苏州市实行的水稻价外补贴形式。2008年秋粮收购开始，苏州市对种植水稻1公顷（15亩）以上的经营者实行每50千克粳稻给予6元的价外补贴，2012年涨至10元/50千克。二是浙江省根据作物播种面积的补贴模式。2012年，浙江省对全年稻麦复种面积20亩及以上的稻麦种植大户，按实际种植面积补贴30元/亩，对油菜种植面积5亩及以上的油菜种植大户补贴20元/亩。若每公顷水稻产量按8900千克计算[①]，苏州补贴模式下种植大户大约

───────────────

① 8900千克为BLY情景下水稻平均产量，前文提及Policy情景下水稻平均产量为9300千克。

可以获得补贴 1780 元/公顷, 而浙江补贴模式下, 稻麦轮作可获 900 元/公顷, 稻油轮作为 750 元/公顷。

下面通过 FSSIM - China 模型模拟 BLY 情景下苏州和浙江两种不同补贴模式, 对种植大户的作物播种面积和总投入—产出情况等方面的影响。在模型模拟过程中每种模式均使用了两种劳动力约束, 364 日表示假设农业劳动力并没有减少, 与 2007 年的 BAY 情景劳动力一致; 204 日表示根据预测农业劳动力减少后的情形。模拟结果显示, 对种植大户的补贴确实能够提高农户的收入和粮食作物总产量。若劳动力没有减少的情况下 (364 日), 两种补贴模式下的耕地面积、作物种植结构、资金总投入、净收益和作物产出等情况都非常接近, 均高于无补贴情景, 其中苏州补贴模式下资金投入—产出比浙江补贴模式稍高 (见表 7 - 20)。但是当农业劳动力缩减至 204 日后, 两种补贴模式的耕作情况差异显著, 苏州补贴模式增产增收效果凸显, 但是浙江补贴模式收效甚微。苏州的水稻价外补贴诱使种植大户将有限的劳动力几乎全部投入水稻种植以获取收益最大化, 以致小麦面积锐减至 0.11 公顷。而浙江补贴模式同时补贴水稻、小麦和油菜等多种作物, 有利于作物均衡发展, 虽然该模式下种植大户的土地经营规模比苏州模式少 0.53 公顷, 但是复种指数高, 作物总播种面积反而比苏州模式多 0.2 公顷。当劳动力受到制约, 苏州补贴模式下种植大户确实可以获得更高的农业收入, 每公顷比浙江种植大户高 5000 元左右, 作物总产量也多产 1200 千克/公顷。但是如果在农业劳动力有限而雇工费用较高的情况下, 苏州补贴模式可能大大降低种植大户耕作除水稻之外的大田作物。此外值得关注的是, 无论哪种补贴模式, 是否存在劳动力减少情况, 油菜种植面积均为零, 也就是说, 目前的补贴模式难以调动种植大户种植油菜的积极性。

表 7 - 20　苏州和浙江两种种植大户补贴模式的影响比较

	劳动力约束（日）	耕地面积（公顷）	播种面积（公顷）				复种指数	户均总投入—产出情况			
			总计	水稻	小麦	油菜		农业生产成本（元）	净收益（元）	总产量（千克）	水稻产量（千克）
苏州补贴模式	364	2.26	4.16	2.15	2.01	0	184	42996	38154	28431	16971
	204	2.20	2.20	2.09	0.11	0	100	28152	25916	17418	16811
浙江补贴模式	364	2.26	4.15	2.14	2.01	0	184	42811	36477	28313	16831
	204	1.67	2.40	1.07	1.33	0	144	23910	20948	16248	8575
无补贴情景	364	2.26	4.12	2.15	1.97	0	182	42457	34397	28055	16851
	204	1.81	2.32	1.22	1.10	0	128	23718	20035	16004	9636

五、本章小结

（一）结论

本研究基于太湖流域上游地区 268 户农户农业生产的调查数据，首先根据土地经营规模和非农收入水平将样本聚类成 4 种农户类型（农户类型 1~3 为小规模农户，且非农收入依次递增；农户类型 4 为种植大户，非农收入与低兼小农相当），然后通过构建农户生物—经济模型（FSSIM - China 模型）模拟各种农户类型在培训教育、税收和补贴等农业与环境政策下作物种植行为和环境友好型技术采纳行为的变化及不同决策下经济、社会和环境影响。此外，还研究了机插秧补贴、作物价格波动和对种植大户直接补贴等情景对农户土地利用决策和投入—产出等影响。主要研究结论如下：

（1）在保持现有政策不变的情况下，环境指标整体改善，但是经济指标和社会指标总体变差。这主要是因为大量劳动力的外出务工使农村遭受严重的人力资本流失，致使双季作物转向单季作物种植，降低了粮食总播种面积和总产量（2020 年 4 种农户类型的总播种面积缩减 45%~52% 不等，作物总产量减少 32%~45% 不等），使得单位土地上化肥投入和养分流失有所减少（N 肥投入减少 38%~49% 不等，N 素流失减少 43%~53% 不等），但是这种环境改善是以牺牲粮食安全和农民收入为代价的，并非可持续之道。

（2）各种农业与环境政策可以通过改变种植结构和提高环境友好型技术的采用率来实现经济、社会和环境的可持续发展。在各种农业与环境政策情景下，适地养分管理技术采用率增加明显，首先，农资综合补贴只发放给采用适地养分管理技术农户政策情景的作用最明显（平均采用率约 100%），其次是提高适地养分管理技术农产品价格的政策（平均采用率 90%）。除了经济激励政策外，对农户进行新技术的培训与教育也能有效诱导农户采用适地养分管理技术（平均采用率 66%）。但是由于适地养分管理技术比常规施肥技术需要耗费更多劳动力，所以农户在提高该技术采用率的同时会适当调整种植结构以将有限的劳动力资源进行最优配置。在农业与环境政策的激励下，不仅环境指标得到更大幅度的改善，同时农户收入和表征粮食安全的水稻产量也显著增加。其中，农资综合补贴只发放给采用适地养分管理技术农户政策对环境指标的总体改善作用最明显，而提高适地养分管理技术农产品价格的政策对经济和社会表现的改善效果强于前者。

（3）不同农户类型之间的农业经营情况和对政策的反应存在显著差异。对比分析各种农户类型的效益情况发现，种植大户的单位耕地面积作物产量、劳动力日均产值以及农户种植业净收入均是最高的，然后单位土地面积收益较好的是低兼小农。从政策反应差异看，首先，体现在对农业与环境政策敏感度的差异，兼业程度较低、对农业依赖程度较大的农户类型对农业与环境政策的灵敏性较强，各种农业与环境政策情景下低兼小农和种植大户适地养分管理技术采用率分别为99%和94%；而中兼小农和高兼小农分别为82%和64%。所以低兼小农和种植大户应该作为新技术的重点推广对象。模拟作物价格波动对农户生产行为影响结果的反应，相比小规模农户，种植大户对作物价格反应更强烈，当作物价格同比例上涨时，种植大户的水稻播种面积增加明显，同时机插秧、测土配方施肥和适地养分管理技术的使用显著扩张。

（4）农民的劳动时间配置存在多样化，规模经营更有利于降低推广环境友好型技术的监督成本。在模拟向使用机插秧农户发放补贴的结果显示，补贴虽然可以明显扩大机插秧的使用面积，但是小规模农户的适地养分管理技术采用率却出现下滑，原因是农民劳动时间的配置存在多元化，机械化提高释放出来的劳动力首先会被用于扩张播种面积以继续追求利益最大化，而不一定用于增加相对耗费劳动力的环境友好型技术。结果还表示，种植大户在扩张播种面积的同时也会增加适地养分管理技术的使用面积。

（5）通过苏州和浙江种植大户补贴模式的比较研究，发现补贴确实能够调动农户种粮积极性和提高农户收入。在农户的劳动力比较充裕的情况下，两种补贴模式对农户生产行为（种植结构、投入—产出情况）的影响并不大，但是若在劳动力比较有限的情况下，苏州的水稻价外补贴模式对激励水稻面积扩张效果突出，同时也给农户带来更高的经济收入，但是对其他粮食作物有消极影响，导致种植结构失衡。而浙江补贴模式虽然充分考虑到作物间的均衡发展，但是在有劳动力约束的情况下，与无补贴情景相比，该模式的增产增收效果并不明显。

（6）农村劳动力的流失对农业生产的影响不容忽视。若根据历年农村劳动力转移情况预测至2020年，苏南农村劳动力将比2007年减少40%左右。大量劳动力的外出务工使农村遭受严重的人力资本流失，一方面，加快了农业劳动力老龄化，由于年龄较大的农民思想观念传统，风险规避态度明显，对新事物认知和接受程度较差，严重影响科学知识的普及和农业新技术的推广；另一方面，劳动力的减少导致双季作物改成单季作物种植，粮食总播种面积减少和总产量降低，不仅浪费土地资源，还会影响粮食的商品率和国家粮食安全。

此外，在所有模拟中，油菜种植面积几乎为零，这与近年油菜种植大面积减少的相关报道非常吻合，如何调动农户种植油菜的积极性值得关注。

（二）讨论

运用耦合自然生态过程与农户经济行为的农户生物—经济模型，模拟不同农户类型应对多种农业政策的土地利用决策变化以及预测相应的经济、社会和环境影响，对政策出台之前进行事前评价，为进一步完善政策的制定提供建议，这在国内还是较新的内容。但是由于个人研究能力与精力局限，本研究存在一些不足有待进一步研究：

第一，虽然模拟结果发现小农户和种植大户、不同兼业程度农户之间存在行为差异，但是由于 FSSIM – China 模型是模拟在固定资源禀赋约束下的农户行为，无法模拟农户类型之间的流动和外出务工汇款的流入①对农户生产决策的影响。第二，由于受调研数据的限制，本研究修正的 FSSIM – China 模型只是 1 年期的单目标（农户种植业净收入）数理规划模型，使得本研究的模拟结果存在一定的局限性，发展多年期动态模型和多目标规划模型是今后的努力方向。

---

①　根据劳动力流动的新经济学理论（New Economics of Labor Migration，NELM），劳动力外出务工所带来的劳动力流失和汇款流入会改变农户实现效用最大化时的投入或产出组合，导致农业生产结构发生变化。

第八章 研究结论和政策建议

化肥过量施用是造成太湖流域农业面源污染的主要根源之一，所以有必要大力推广环境友好型技术，通过引导农户合理施肥以达到提高肥料利用率和减缓农业面源污染的目的。本研究以测土配方施肥技术为研究对象，首先从区域层面评价了测土配方施肥项目对区域环境和经济的影响及效果持续性，然后从农户层面寻找影响农户采纳测土配方施肥技术的影响因素，进而探讨该技术对环境的影响（化肥施用量）和经济的影响（水稻单产），最后基于农户生物—经济模型模拟农业与环境政策对农户种植行为和环境友好型技术采纳行为的影响，以及评价不同决策行为下的经济、社会和环境的综合影响，为从源头遏制农业面源污染，确保太湖流域可持续发展提供选择路径。

一、研究结论

（一）基于区域层面的测土配方施肥技术环境与经济影响评价的结论

本研究基于 DID 模型、EKC 模型、C－D 生产函数和供给反应函数等模型的耦合构建了测土配方施肥技术对区域环境与经济影响的评价模型，并利用江苏省 52 个县（市）2004～2006 年的面板数据进行实证检验。主要结论如下：

（1）从经济影响视角看，参加测土配方施肥项目有助于提高样本县（市）种植业总产值，而且增加的效果逐年显现。

（2）从环境影响视角看，参与测土配方施肥项目对试点县（市）单位耕地面积化肥施用量的影响并不显著，可能的解释是，江苏省"增钾减氮"的配方原则改变了肥料的施用结构，掩盖了测土配方对 NPK 肥总用量的真实影响。鉴于 N、P 和 K 肥数据的可获得性，故无法从区域层面区分测土配方施肥对单质肥的独立影响。不过从符号看，参与项目第 2 年对区域化肥投入强度开始出现负效应。

（3）从 EKC 假说验证角度看，江苏省单位耕地面积化肥投入与宏观经济存在典型的倒 U 型关系，转折点为 16615 元。即随着经济的发展，江苏省单位耕地面积化肥投入呈现先上升后下降的趋势。但根据计算，2010 年江苏省人均 GDP（2004 年不变价计算）超过拐点的县和县级市中，苏南、苏中和苏北的比例分别为 54%、38% 和 8%，充分说明地区发展非常不平衡，急需加快较落后地区的经济发展，尽早实现 EKC 趋势的低值超越，为减少农业面源污染意义重大。

（二）基于农户层面测土配方施肥技术采纳行为及其环境与经济影响评价的结论

本研究基于太湖流域上游地区 221 户水稻生产农户的调查数据，利用 Probit 模型分析了影响农户采纳测土配方施肥技术的因素，并通过构建投入需求和产出供给方程评价该技术采纳对农户化肥施用行为和土地产出率的影响。主要结论如下：

（1）农户家庭特征和新技术信息可得性是影响农户采纳测土配方施肥技术的两类重要因素。平均年龄越小、耐用资产情况越好的家庭采纳测土配方施肥技术的可能性更大，但平均受教育年限与测土配方施肥技术采纳呈现倒 U 型关系，间接说明非农就业一定程度上抑制新技术的采纳。新技术信息可得性对农户技术采纳影响非常显著，上一年与农技推广人员交流越多的农户越倾向选择测土配方施肥技术。

（2）测土配方施肥技术确实能够有效降低化肥施用量（尤其是 N 肥施用量），提高农户水稻单产。在控制其他条件不变的情况下，测土配方施肥技术采用率每增加 1%，化肥施用量会降低 0.09%（0.45 千克/公顷），而水稻单产提高 0.04%（2.91 千克/公顷）。目前，研究区域测土配方施肥技术的采用率仅有 23%，若实现全面推广应用，将减少化肥施用 34.91 千克/公顷，同时提高水稻产量 223.98 千克/公顷。

（3）土地质量和自然灾害对农户化肥使用行为具有显著影响。在贫瘠的土地上，农户会通过加大化肥投入量来增加土壤肥力，以期获得较高的产量回报。由于化肥见效快，所以农户会在遭受过灾害的土地上增加化肥用量（主要是 P 肥和 K 肥）以减少灾害带来的损失。

（三）基于农户生物—经济模型环境友好型技术采纳行为及政策模拟的结论

本研究通过 FSSIM – China 模型模拟太湖流域 4 种农户类型在培训教育、税收和补贴等有利于环境友好型技术采用的农业与环境政策下作物种植行为和环境友好型技术采用行为的变化，并分析相应产生的经济、社会和环境3方面的影响。此外，还研究了机插秧补贴、作物价格波动和对种植大户直接补贴等情景对农户土地利用决策和投入—产出的影响。主要结论如下：

（1）非农就业导致大量农村劳动力流失，严重威胁粮食安全和阻碍农业新技术的推广。随着非农就业活动的蓬勃发展，大量劳动力从农村流向城市、从农业部门流向非农部门，一方面，由于缺乏劳动力，导致双季作物改成单季作物种植，粮食总播种面积减少和总产量降低，不仅浪费土地资源，还会影响粮食的商品率和国家粮食安全。另一方面，加快了农业劳动力老龄化，传统的思想观念和明显的风险规避态度严重影响科学知识的普及和农业新技术的推广。

（2）在保持现有政策不变的情况下，发展至2020年，各项环境指标也会有所改善，环境指标整体改善，但是经济指标和社会指标总体变差。主要的原因是农村劳动力的不足致使双季作物种植为主转向以单季作物种植为主，但是单纯依靠缩减农业生产的方式是以牺牲粮食安全和农民收入为代价的，并不是可持续的途径。如果引入合适的政策合理诱导农户对环境友好型技术的采纳行为，即可以提高农民收入、保障粮食安全，又能够保护环境，实现区域的可持续发展。

（3）农业与环境政策可以通过改变种植结构和提高环境友好型技术的采用率来实现经济、社会和环境的可持续发展。其中，补贴和价格激励政策比强制税收和教育培训政策的效果更显著。尤其是农资综合补贴只发放给采用适地养分管理技术农户的政策情景，所有农户适地养分管理技术的采用率达到100%。虽然对农户进行新技术的培训与教育不如经济激励的效果强烈，但是也能有效诱导农户采用适地养分管理技术（平均采用率66%）。从农户对农业与环境政策的反应差异发现，对农业依赖程度较高的农户类型（低兼小农和种植大户）对政策的敏感度最强，表现为在所有农业与环境政策情景下适地养分管理技术采用率几乎将近100%；而非农收入最高的高兼小农对政策的反应最弱。

（4）农民的劳动时间配置存在多样化，规模经营更有利于降低推广环境友好型技术的监督成本。在模拟向使用机插秧农户发放补贴的结果显示，补贴虽然可以明显扩大机插秧的使用面积，但是小规模农户的适地养分管理技术采用率却出现下滑，原因是农民劳动时间的配置存在多元化，机械化提高释放出来的劳动力首先会被用于扩张播种面积以继续追求利益最大化，而不一定用于增加相对耗费劳动力的环境友好型技术。结果还表示，种植大户在扩张作物播种面积的同时也会增加适地养分管理技术的使用面积。在模拟作物价格波动对农户生产行为影响的结果也反映，相比小规模农户，种植大户对作物价格反应更强烈，当作物价格同比例上涨时，种植大户的水稻播种面积增加明显，同时机插秧、测土配方施肥和适地养分管理技术的使用显著扩张。

（5）通过苏州市和浙江省种植大户补贴模式的比较研究，发现补贴确实能够调动农户种粮积极性和提高农户收入。在劳动力比较有限的情况下，苏州市的水稻价外补贴模式对激励水稻面积扩张效果突出，同时也给农户带来更高的经济收入，但是对其他粮食作物有消极影响，导致种植结构失衡。而浙江省补贴模式虽然充分考虑到作物间的均衡发展，但是在有劳动力约束的情况下，与无补贴情景相比，该模式的增产增收效果并不明显。

二、政策建议

基于以上研究结论，我们提出以下几点政策建议，以期通过环境友好型技术的深入推广和规范实施，引导农户合理施肥，做到真正从源头遏制农业面源污染，确保为太湖流域可持续发展提供有益的参考。

（一）升级测土配方施肥系统，健全测土配方施肥的基层推广体制

测土配方施肥技术体系和基层推广体制均不够完善，首先，需要增强科研力度，广纳专业技术人员和软件系统开发人才，根据现代农业生产的发展和需求以及环境变化要求不断升级测土配方施肥的配方专家系统（系统开发与系统应用），才能真正做到依据不同地块、不同作物因地制宜地合理调配肥料比例以及施用量。其次，测土配方施肥是一项系统性的基础工作，需要浓厚的推广应用氛围，但是乡镇综合配套改革后，由于体制、经费和环保意识薄弱等原因导致乡镇农技服务中心的技术服务人员的工作主动性并不强，从而影响测土配方施肥技术的推广普及，所以亟须健全基层推广机制，形成政府主导、部门协作和企业参与的工作机制，切实推广普及测土配方施肥技术。一方面，各县市结合实际，层层制订具体的实施方案，细化目标任务，落实工作责任，强化措施到位，确保测土配方施肥普及行动取得实效；另一方面，鼓励肥料企业与农民专业合作社、规模化产业基地、种植大户对接，订单生产供应配方肥，探索建立专业化的统测、统配、统供、统施服务模式。

（二）扩大宣传、强化农技培训，规范测土配方施肥项目管理实施

农业科技培训是农业发展中不可或缺的环节，是提高农业生产科技含量的必然要求。留在农村真正从事农业生产经营的农民的科技文化素质普遍偏低，"去

农化"、"兼职化"现象严重，且女性偏多、年龄偏大，对农业科技的接受和应用能力不强。所以要强化面向农户的培训活动，尤其是重点培训比较年轻、中等受教育程度和以务农为主的农户家庭，使之真正了解测土配方施肥的内涵，掌握科学用肥，做到缺什么、补什么、缺多少、补多少。也可以结合利用农资经销商的技术服务能力，让经销商从单纯的肥料销售，转向同时为农户免费提供相关施肥技术指导和材料，为农户认知测土配方施肥技术提供便利途径。此外，还要充分挖掘示范户的榜样作用，让农民看到测土配方施肥的显著成效，以点带面推动测土配方施肥工作。

（三）制定激励政策，充分调动农户采用测土配方施肥技术的积极性

对农民进行农技培训等人力投资固然重要，但是如果能够兼顾制定合适的农业与环境政策，对农民的技术经济行为进行有目的和有方向的诱导，提高农户采纳科技新成果的可能性和积极性，加快农业新技术和新知识向农户转移和扩散的速度，发挥农业科技的效力和效益。如化肥补贴政策，目前财政部对测土配方施肥项目的补贴主要用于采样、测试、试验与示范，技术宣传等环节，对农户选择测土配方施肥技术并没有补贴和奖励政策，而且农户普遍反映测土配方肥的价格比常规复合肥高，高成本是制约农户采用该技术的原因之一。所以可以考虑扩大测土配方肥补贴范围，降低测土配方肥的价格，具体可以通过对有资格认证的测土配方肥生产企业进行补贴，直接压低配方肥的出厂价格，增强配方肥在市场上的竞争力，同时还可以避免因对农户个体发放补贴造成的高交易成本和监督成本。与此同时，对农民的财政补贴政策应该逐步向农业生态环境保护倾斜，要兼顾保证粮食安全、增加农民收入、保护农业生态环境和区域的可持续发展多重目标。

（四）准确定位政策目标群体，实行差别化管理政策

由于需求、偏好和资源禀赋不同，不同农户类型的决策行为以及政策对其激励力度存在差异，所以有必要针对不同目标群体实现差别化管理政策，提高政策效力和效率。对以非农收入为主的小规模经营农户，则通过发展非农产业、充实教育和职业培训等措施，为其提供非农就业的机会，鼓励其脱离农业，并将土地流转给种植大户。对农业收入为主的小规模经营农户，开展形式多样的科技服务，增强农户的科技意识，提高生产管理水平，增强运用科技致富的本领，并鼓励有能力、有兴趣的农户积极租入土地，从而能够扩大农业经营规模，成为专业种植大户。针对规模经营大户，从各方面给予扶持，使其成为农业经营的骨干。除了响应2013年"中央一号"文件，将新增农业补贴向专业大户、家庭农场和

农民合作社等新型生产经营主体倾斜，还要深度挖潜政策的"水井效应"，充分发挥政策在农田基本建设、农业综合配套服务体系完善、土地制度创新和农村实用人才培育等方面的支持作用，催生和完善现代农业建设的内在动力机制。

（五）发展适度规模经营，降低推广环境友好型技术的监督成本

由于农民劳动时间的配置存在多元化，机械化提高释放出来的劳动力首先会被用于扩张播种面积以继续追求利益最大化，而并不一定用于增加相对劳动密集型的环境友好型技术。所以应该鼓励适度规模经营，培育和壮大专业大户、家庭农场和专业合作社等新型农业生产经营组织，开展集中管理、连片种植、全程机械化作业，集中使用和有效管理生产资料、科学技术、金融资本和农业装备。一方面，快速提升农业装备水平，推广应用农业科技，提高劳动生产效率，推进农业现代化；另一方面，相比地块细碎零散的小规模农户，管理农地规模化的经营主体有利于降低推广环境友好型技术的谈判和监督成本。但是在推进适度规模经营过程中，应立足优化配置土地资源，提高农业效益，充分尊重农民的主体地位，发挥其主动性和创造性。江苏省的测土配方施肥工作已经开始实行以种植大户为切入点，形成"专家进大户、大户带小户、农户帮农户"的推广模式，并取得良好效益。

此外，政府应该重视提高土壤肥力的工程，鼓励农民通过增施有机肥、秸秆还田和合理轮作等方式提高土壤肥力，才能实现作物的持续稳定增长，不要为了短期的经济效益，形成土壤肥力差—加大化肥投入—土壤板结—土壤肥力更差的恶性循环。

附录1 基于区域层面的测土配方施肥技术环境与经济影响评价之实证检验二

在第五章区域层面的实证研究中主要使用了 DID 模型，目的是考量参与测土配方施肥项目环境与经济效果显现的时间及效果持续性，但是鉴于数据比较陈旧，所以本部分补充一个延长时序（1999～2011 年）的实证检验，以保证结果的稳健性。由于南通市通州区、徐州市铜山县和扬州市江都区相继被"撤县设区"，故 2011 年江苏省只有 49 个县和县级市，所以本部分实证研究最终使用的数据是 1999～2011 年江苏省 49 个县域的面板数据。经过比较，本部分的结果与第五章的结果基本一致，充分说明结果的稳健性。

（一）基于区域层面的测土配方施肥技术环境影响评价

1. 模型识别与估计方法

测土配方施肥技术对环境影响评价的模型是 EKC 分解模型，表达式如下：

$$Z_{it} = \alpha_0 + \alpha_1 FF_{it} + \alpha_2 L_{it} + \alpha_3 C_{it} + \alpha_4 A_{it} + \alpha_5 D + \alpha_6 T + \lambda_{it} \qquad （附 1-1）$$

式中，i 代表第 i 个样本个体，t 代表年份，Z_{it} 表示个体 i 在第 t 年的单位耕地面积化肥施用量（千克/公顷）；FF_{it} 反映第 t 年个体 i 是否参与了测土配方施肥试点项目的虚拟变量；其余变量的指标和含义均与第五章一致，在此不再赘述。

关于估计方法，首先是使用随机效应估计和固定效应估计方法对方程（附1-1）进行回归，然后据 Hausman 检验结果判断是否拒绝优先选择随机效应模型的原假设，再确定重点分析的结果。

2. 变量选取与统计分析

附表 1-1 展示了基于区域层面测土配方施肥技术的环境影响评价模型中各变量的描述性统计情况，其中还使用独立样本 t 检验对测土配方施肥项目县和非项目县进行了对比分析。

从结果可以发现，在所有样本中有 46% 的样本县属于测土配方施肥项目县。

项目县的单位耕地面积化肥用量比非项目低 3 千克/公顷，但是项目县的地均种植业总产值比非项目县高 28% 左右（在 1% 水平上通过统计检验），粮食作物与经济作物播种面积的比例显著高于非项目县（在 1% 水平上通过统计检验），而且复种指数也显著高于非项目县（在 5% 水平上通过统计检验）。虽然测土配方施肥项目县的人均 GDP 比非项目县高 1430 元/人，但是并没有通过显著性检验。

附表 1-1　环境影响评价模型中相关变量定义与描述性统计

	变量名称	测土配方施肥项目参与情况		总样本
		项目县	非项目县	
	样本数量（个）	293	344	637
	环境影响指标			
被解释变量	单位耕地面积化肥用量（千克/公顷）	686.62 (16.21)	689.67 (17.11)	688.27 (11.86)
	政策变量			
解释变量	测土配方施肥项目参与（1=是）	—	—	0.46 (0.02)
	规模效应			
	地均种植业总产值（元/公顷）	27050.9 (481.2) ***	21777.3 (349.9)	24203.01 (308.9)
	结构效应			
	粮食作物与经济作物播种面积比	3.12 (0.11) ***	2.21 (0.07)	2.63 (0.06)
	复种指数	1.64 (0.01) **	1.59 (0.01)	1.61 (0.01)
	减污效应			
	人均 GDP（元/人）	11255.47 (574.56)	9825.55 (825.83)	10483.27 (520.17)
	地区虚拟变量			
	苏南地区（1=苏南地区）	0.28 (0.03)	0.29 (0.02)	0.29 (0.02)
	苏中地区（1=苏中地区）	0.25 (0.02)	0.24 (0.02)	0.24 (0.02)
	苏北地区（对照组）	0.47 (0.03)	0.47 (0.03)	0.47 (0.02)

注：**、*** 分别表示在 5% 和 1% 的水平上两组样本县的均值存在显著差异。表中系数为平均值，括号中为标准差。

从地区统计情况看，江苏省测土配方施肥项目在区域层面上的推广比较均匀，并没有显示出显著的地区差异。

3. 模型估计结果与分析

附表 1 - 2 报告了方程（附 1 - 1）的随机效应和固定效应估计结果，根据 Hausman 检验结果，拒绝优先选择随机效应模型的原假设，所以主要对固定效应法的估计结果展开详细讨论。

附表 1 - 2　环境影响评价模型的估计结果

解释变量	被解释变量：Ln 单位耕地面积化肥施用量	
	随机效应估计	固定效应估计
政策变量		
测土配方施肥项目参与	0.03（0.67）	0.03（1.09）
规模效应		
Ln 地均种植业总产值	- 0.04（- 0.84）	- 0.06（- 1.41）
结构效应		
粮食作物与经济作物播种面积比	0.004（0.44）	0.001（0.15）
复种指数	0.61（9.86）***	0.51（8.18）***
减污效应		
Ln 人均 GDP	0.87（5.43）***	0.87（5.25）***
Ln 人均 GDP 的平方项	- 0.04（- 5.35）***	- 0.04（- 5.46）***
地区虚拟变量（以苏北地区为对照组）		
苏南地区	- 0.35（- 3.42）***	——
苏中地区	- 0.40（- 4.22）***	——
时间变量		
时间变量	- 0.02（- 2.32）**	- 0.01（- 1.80）*
常数项	2.20（2.48）**	2.04（2.22）**
样本数量（个）	637	637
县（市）数（个）	49	49
R - squared	0.37	0.13
Wald chi 值/F 值	273.96	18.63
Prob > chi2/Prob > F	0.000	0.000

注：*、**、***分别表示在 10%、5%和 1%的统计水平上显著。随机效应估计中括号内为基于稳健标准差（Robust Standard Error）计算的 Z 统计量，固定效应估计中括号内为 t 统计量。在随机效应估计中还控制了县际差异，限于篇幅，并未报告出来。

测土配方施肥项目对单位耕地面积化肥施用量的影响依然不显著，可能的原因还是由于江苏省测土配方施肥的原则是"减氮增钾"，肥料施用结构的调整掩盖了其真实效果。表征结构效应的复种指数在 1%的水平上显著为正。而反映减污效应的人均 GDP 与单位化肥施用量依然存在倒 U 型关系（在 1%水平上通过显著性检验）。经过计算，得到化肥使用量与人均 GDP 关系的拐点为人均 GDP 20877 元左右（以 1998 年为不变价）。也就是说，当人均 GDP 超过 20877 元时，江苏省单位耕地面积化肥施用量可能出现减少趋势，即随着人均 GDP 的增加，化肥用量出现先增后减的现象。

时间变量在 10% 的水平上显著为负，可以理解为除测土配方施肥技术以外的其他技术进步给江苏省的化肥投入强度带来削减效果。

（二）基于区域层面的测土配方施肥技术经济影响评价

1. 模型识别与估计方法

测土配方施肥技术对经济影响评价的模型是 C – D 函数和供给反应函数，表达式如下：

$$Q_{it} = \beta_0 + \beta_1 FF_{it} + \beta_2 Land_{it} + \beta_3 Labor_{it} + \beta_4 Fer_{it} + \beta_5 Mec_{it} + \beta_6 Irrg_{it} + \beta_7 Cindex_{it} +$$
$$\beta_8 GCshare_{it} + \beta_9 D + \beta_{10} T + \xi_{it} \tag{附 1 – 2}$$

$$Q_{it} = \beta_0 + \beta_1 FF_{it} + \beta_6 Irrg_{it} + \beta_7 Cindex_{it} + \beta_8 GCshare_{it} + \beta_9 D + \beta_{10} T + \xi_{it}$$
$$\tag{附 1 – 3}$$

式中，i 代表第 i 个样本个体，t 代表年份，Q_{it} 表示个体 i 在第 t 年的种植业总产值（亿元）；FF_{it} 反映第 t 年个体 i 是否参与了测土配方施肥试点项目的虚拟变量；$GCshare_{it}$ 表示第 t 年个体 i 的粮食与经济作物播种面积之比；其余变量的指标和含义均与第五章一致，在此不再赘述。

经济影响评价模型的估计方法与环境影响评价相似，首先是使用随机效应估计和固定效应估计方法分别对方程（附 1 – 2）和方程（附 1 – 3）进行回归，然后据 Hausman 检验结果确定重点分析的结果。

2. 变量选取与统计分析

附表 1 – 3 展示了基于区域层面的测土配方施肥技术经济影响评价模型中的各变量的描述性统计情况，其中还使用独立样本 t 检验对测土配方施肥项目县和非项目县进行了对比分析。

从结果可以发现，测土配方施肥项目县的种植业总产值比非项目县是高 3.6 亿元，而且在 1% 的水平上通过统计检验。项目县的复种指数、粮食与经济作物播种面积之比①也显著高于非项目县（分别在 5% 和 1% 的水平上通过统计检验）。此外，表征耕地质量的灌溉面积比例，该指标在项目县比非项目县高 3%，并且在 1% 的水平通过组间差异检验。

---

① 经过长时序散点图分析发现，粮食与经济作物播种面积之比和种植业总产值存在倒 U 型趋势，故在回归中引入粮食作物播种面积与经济作物播种面积比例的平方项，试图验证这一关系。

在生产投入品中，测土配方施肥项目县的耕地面积少于非项目县，而前者的化肥总投入量多于后者，但均没有通过显著性检验。然而劳动力投入和机械投入表现出显著的组间差异（两者均在 1% 水平上通过统计检验），其中，测土配方施肥项目县的劳动力投入比非项目县少 32% 左右，而项目县机械投入却比非项目县高 31% 左右，表现出劳动力和机械的替代现象。

附表 1-3　经济影响评价模型中相关变量定义与描述性统计

变量名称	测土配方施肥项目参与情况		总样本
	项目县	非项目县	
样本数量（个）	293	344	637
环境影响指标			
被解释变量 种植业总产值（亿元）	19.40	15.80	17.46
	(0.59)***	(0.41)	(0.36)
政策制度和环境变量			
是否参与测土配方施肥项目(1 = 是)	—	—	0.46
			(0.02)
复种指数	1.64	1.59	1.61
	(0.01)**	(0.01)	(0.01)
粮食与经济作物播种面积之比	3.12	2.21	2.63
	(0.11)***	(0.07)	(0.06)
灌溉面积比例	0.84	0.81	0.82
	(0.01)***	(0.01)	(0.01)
生产投入品			
解释变量 土地投入（耕地面积）（千公顷）	73.83	74.53	74.21
	(1.93)	(1.71)	(1.28)
劳动力投入（万人）	13.81	20.40	17.37
	(0.47)***	(0.60)	(0.41)
化肥投入（万吨）	5.29	5.22	5.25
	(0.21)	(0.18)	(0.14)
机械投入（万千瓦时）	57.87	44.17	50.47
	(1.79)***	(0.89)	(0.99)
地区虚拟变量			
苏南地区（1 = 苏南地区）	0.28	0.29	0.29
	(0.03)	(0.02)	(0.02)
苏中地区（1 = 苏中地区）	0.25	0.24	0.24
	(0.02)	(0.02)	(0.02)
苏北地区（对照组）	0.47	0.47	0.47
	(0.03)	(0.03)	(0.02)

注：**、*** 分别表示在 5% 和 1% 的水平上两组样本县的均值存在显著差异。表中系数为平均值，括号中为标准差。

3. 模型估计结果与分析

附表1-4报告了经济影响评价模型（方程（附1-2）和方程（附1-3））随机效应和固定效应的估计结果，根据 Hausman 检验结果，拒绝优先选择随机效应模型的原假设，且考虑到常规投入品的使用水平可能内生于测土配方施肥、轮作制度和土地质量等政策制度与环境因素，所以主要对供给反应函数（方程（附1-3））的固定效应估计结果展开详细讨论。

附表1-4 经济影响评价模型的估计结果

解释变量	被解释变量：Ln 种植业总产值			
	随机效应估计		固定效应估计	
	C - D 函数	供给反应函数	C - D 函数	供给反应函数
政策制度和环境变量				
测土配方施肥项目参与	0.11	0.11	0.07	0.05
	(2.83) ***	(2.54) **	(2.62) ***	(1.77) *
复种指数	0.66	0.53	0.65	0.49
	(11.53) ***	(8.65) ***	(10.2) ***	(8.23) ***
粮食与经济作物播种面积之比	0.02	0.08	0.05	0.08
	(0.84)	(3.15) ***	(1.87) *	(3.29) ***
粮食与经济作物播种面积比^2	- 0.02	- 0.005	- 0.04	- 0.005
	(- 1.03)	(- 2.16) **	(- 1.55)	(- 2.05) *
灌溉面积比例	- 0.16	- 0.45	- 0.32	- 0.45
	(- 1.92) *	(- 4.59) ***	(- 3.48) ***	(- 4.63) ***
生产投入品				
Ln 耕地面积	0.77		0.71	
	(11.21) ***		(6.93) ***	
Ln 劳动力投入	0.08		- 0.02	
	(1.76) *		(- 0.38)	
Ln 化肥投入	- 0.05		- 0.12	
	(- 1.29)		(- 2.92) ***	
Ln 机械投入	0.12		0.19	
	(2.64) ***		(4.00) ***	
地区虚拟变量（苏北地区为对照组）				
苏南地区	0.15	- 0.46	—	—
	(2.33) **	(- 3.85) ***		
苏中地区	- 0.12	- 0.31	—	—
	(- 2.34) **	(- 2.52) **		

续表

解释变量	被解释变量：Ln 种植业总产值			
	随机效应估计		固定效应估计	
	C – D 函数	供给反应函数	C – D 函数	供给反应函数
时间变量				
时间变量	0.01 (1.57)	0.001 (0.11)	0.01 (1.56)	0.01 (3.28) ***
常数项	– 2.28 (– 8.05) ***	2.15 (14.32) ***	– 1.73 (– 4.04) ***	2.01 (18.25) ***
样本数量（个）	637	637	637	637
县（市）数（个）	49	49	49	49
R – squared	0.85	0.34	0.76	0.14
Wald chi 值/F 值	1107.20	391.13	47.16	50.23
Prob > chi2/Prob > F	0.000	0.000	0.000	0.000

注：*、**、*** 分别表示在 10%、5% 和 1% 的统计水平上显著。随机效应估计中括号内为基于稳健标准差（Robust Standard Error）计算的 Z 统计量，固定效应估计中括号内为 t 统计量。在随机效应估计中还控制了县际差异，限于篇幅，并未报告出来。

结果显示，测土配方施肥政策变量对种植业总产值的影响通过显著性检验，系数为 0.05，说明在控制其他变量不变的情况下，参加测土配方施肥的项目可以提高 5% 的种植业总产值。复种指数与种植业总产值存在非常显著的正相关关系（在 1% 的水平上通过检验）。而反映种植结构的粮食与经济作物播种面积之比和种植业总产值存在显著的倒 U 型关系。经过计算，得到粮食与经济作物播种面积之比和种植业总产值关系的拐点为 7.7。也就是说，随着粮食与经济作物播种面积之比的增加，江苏省各县的种植业总产值出现先上升后下降的趋势。可能的解释是，当粮食与经济作物播种面积之比刚开始上升时，产量效应大于价格效应，故随着粮食播种面积比例的提高，种植业总产值出现增加趋势；然而当粮食与经济作物播种面积之比超过 7.7 的拐点后，价格效应超过产量效应，故随着粮食播种面积比例的进一步提高，种植业总产值又出现下降趋势。此外，与预期不一致的是，表征土壤质量的灌溉面积与耕地面积之比和种植业总产值呈现显著的负相关，难以解释。经过查看原始数据，发现江阴、溧阳和靖江等 14 个市的若干年份出现有效灌溉面积大于耕地面积的情况，这可能是造成该变量结果与预期不符的原因之一。

时间变量在 1% 的水平上显著为正，可以理解为除测土配方施肥技术以外的其他技术进步给江苏省种植业总产值带来的增加效果。

附录2 无锡市、常州市和镇江市不同情景下各种土壤质地和耕作技术下的目标产量

	序号	作物及技术	基期年情景（BAY）			基线情景（BLY）			政策情景（Policy）		
			粘土	壤土	沙土	粘土	壤土	沙土	粘土	壤土	沙土
无锡市	1	RIc	7.3	7.8	7.2	8.0	8.5	7.9	8.0	8.5	7.9
	2	RImc	7.3	8.1	7.5	8.1	8.9	8.2	8.1	8.9	8.2
	3	WHc	5.4	5.6	4.9	6.1	6.4	5.6	6.1	6.4	5.6
	4	RAc	2.6	2.1	2.5	3.2	2.7	3.1	3.2	2.7	3.1
	5	RIf	7.3	8.5	5.9	8.1	9.3	6.5	8.1	9.3	6.5
	6	RIfm	7.3	7.3	7.3	8.0	8.0	8.0	8.0	8.0	8.0
	7	RIss	8.0	8.6	8.0	8.8	9.4	8.7	9.2	9.8	9.1
	8	RIssm	8.6	9.2	8.6	9.4	10.1	9.4	9.9	10.5	9.8
	9	WHf	5.3	5.4	6.4	6.0	6.1	7.2	6.0	6.1	7.2
	10	WHss	5.9	6.2	5.4	6.7	7.0	6.1	7.0	7.4	6.4
	11	RAf	2.5	2.6	2.6	3.0	3.3	3.2	3.0	3.3	3.2
	12	RAss	2.8	2.4	2.8	3.5	2.9	3.4	3.6	3.1	3.6
常州市	1	RIc	7.6	6.8	6.9	8.3	7.4	7.6	8.3	7.4	7.6
	2	RImc	7.3	7.0	7.7	8.0	7.7	8.5	8.0	7.7	8.5
	3	WHc	5.2	4.8	4.9	5.9	5.5	5.6	5.9	5.5	5.6
	4	RAc	2.3	2.6	2.6	2.9	3.2	3.3	2.9	3.2	3.3
	5	RIf	7.8	6.8	6.8	8.5	7.4	7.4	8.5	7.4	7.4
	6	RIfm	8.3	7.9	8.1	9.1	8.6	8.8	9.1	8.6	8.8
	7	RIss	8.4	7.4	7.6	9.2	8.2	8.3	9.6	8.5	8.7
	8	RIssm	9.0	8.0	8.1	9.9	8.8	8.9	10.3	9.2	9.3
	9	WHf	4.9	5.3	5.3	5.5	6.0	6.0	5.5	6.0	6.0
	10	WHss	5.7	5.3	5.4	6.4	6.1	6.2	6.7	6.3	6.5

续表

	序号	作物及技术	基期年情景（BAY）			基线情景（BLY）			政策情景（Policy）		
			粘土	壤土	沙土	粘土	壤土	沙土	粘土	壤土	沙土
常州市	11	RAf	2.1	2.0	2.4	2.6	2.5	3.0	2.6	2.5	3.0
	12	RAss	2.5	2.8	2.9	3.2	3.5	3.6	3.3	3.7	3.8
镇江市	1	RIc	6.6	7.0	7.5	7.2	7.7	8.2	7.2	7.7	8.2
	2	RImc	7.9	7.9	7.9	8.6	8.6	8.6	8.6	8.6	8.6
	3	WHc	4.3	4.5	4.2	4.9	5.1	4.8	4.9	5.1	4.8
	4	RAc	2.4	2.3	2.0	2.9	2.8	2.5	2.9	2.8	2.5
	5	RIf	6.8	6.7	7.9	7.5	7.3	8.7	7.5	7.3	8.7
	6	RIfm	7.9	7.9	7.9	8.7	8.7	8.7	8.7	8.7	8.7
	7	RIss	7.2	7.7	8.3	7.9	8.5	9.1	8.3	8.9	9.5
	8	RIssm	7.8	8.3	8.9	8.5	9.1	9.7	8.9	9.5	10.2
	9	WHf	4.3	4.8	4.7	4.9	5.5	5.4	4.9	5.5	5.4
	10	WHss	4.7	5.0	4.6	5.4	5.6	5.2	5.6	5.9	5.5
	11	RAf	2.6	2.3	1.7	3.3	2.8	2.2	3.3	2.8	2.2
	12	RAss	2.6	2.5	2.2	3.2	3.1	2.7	3.4	3.3	2.8

注：表中 RI…，WH…和 RA…分别表示水稻、小麦和油菜 3 种作物。后缀表示不同的技术，其中，c 表示常规施肥技术，但没有使用机插秧；mc 表示常规施肥技术，而且同时使用机插秧技术；f 表示使用测土配方施肥技术，但没有使用机插秧技术；fm 表示使用测土配方施肥技术，而且同时使用机插秧技术；ss 表示使用适地养分管理技术，但没有使用机插秧技术；ssm 表示使用适地养分管理技术，而且同时使用机插秧技术。机插秧技术仅适用于水稻作物。

附录 3 PMP 模型与弹性关系说明

$$\text{Max R} = \sum_{i=1} A_i \cdot \left[p_i Y_i - (d_i Y_i + 0.5 Q_i Y_i \cdot Y_i) + S_i \right]$$

$$d_i = \lambda - |\alpha \cdot \lambda|$$

$$k_i = |\alpha \cdot \lambda| / A_i$$

$$\eta = p_i / (\alpha \cdot |\lambda|)$$

式中，R 为农户种植业净收益（元/公顷）；p_i 为作物 i 的单位农产品价格（元/千克）；Y_i 为作物 i 的单位面积产量（千克/公顷）；d_i 为作物 i 的边际成本函数线性部分的系数；Q_i 为作物 i 边际成本函数非线性部分的系数；S_i 表示作物 i 的粮食直补、良种补贴和农资综合补贴之和（元/公顷）；λ 为土地资源约束的对偶值（影子价格）；系数 α 代表着非线性成本函数线性与非线性的权重；η 为作物的供给弹性。

由上述公式可以推导，作物供给弹性 η 的改变，会通过系数 α 改变非线性成本函数线性与非线性的权重，进而影响目标函数的变化，最终反映在农户对技术的选择行为上。

附录 4 无锡市模拟结果

(一) 无锡市 4 种农户类型各种情景下作物轮作情况

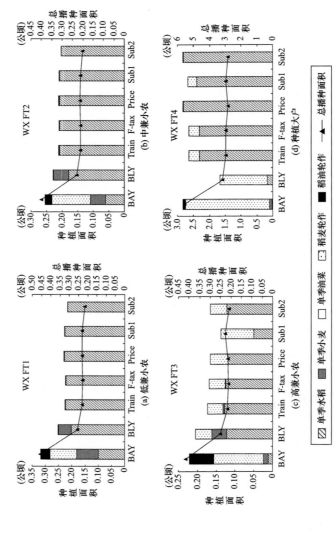

注：单季油菜无显示表明无人选择种植单季油菜。

（二）无锡市4种农户类型各种情景下施肥技术和机插秧采纳情况

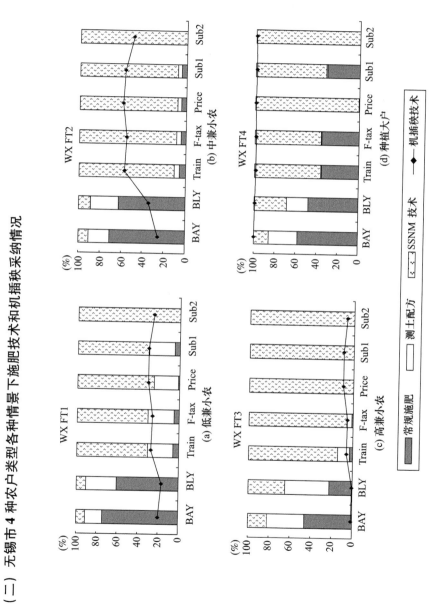

（三）无锡市 4 种农户类型各种情景下经济、社会和环境效应指标变化图（BAY =0%）

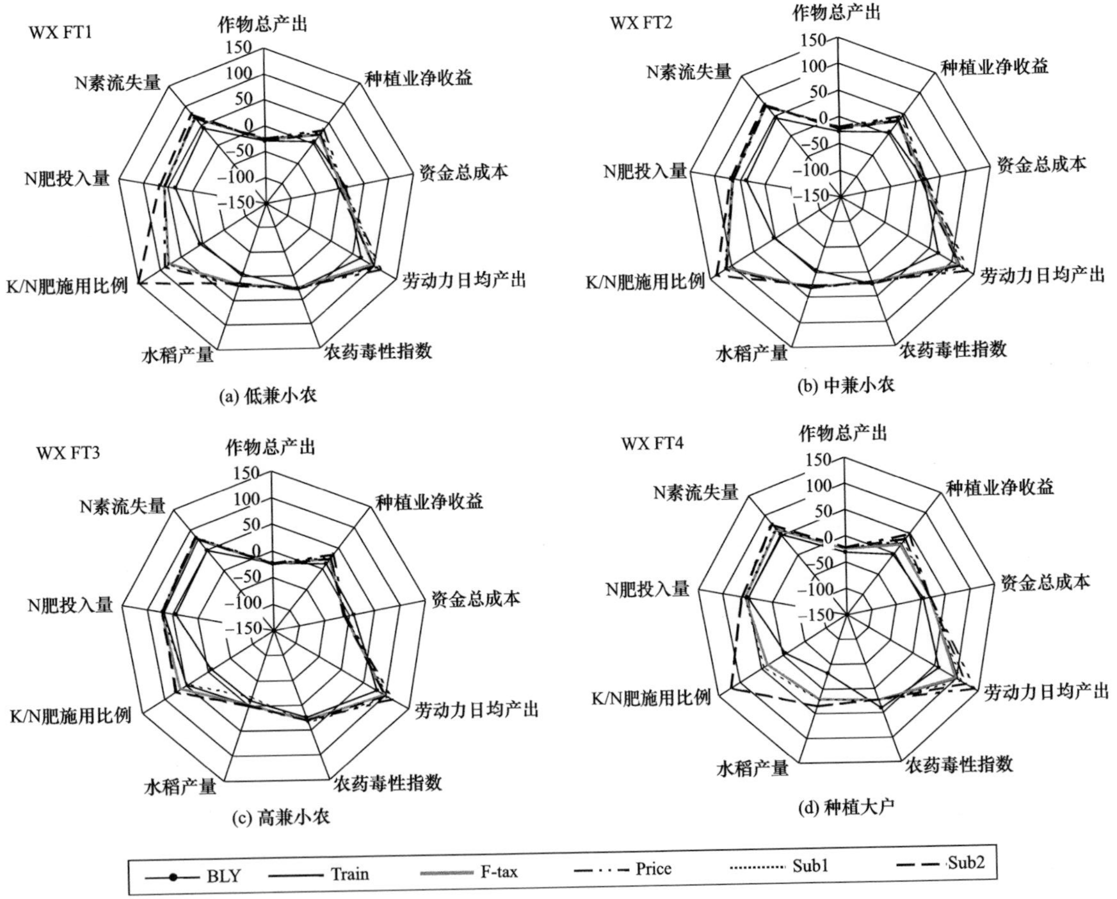

（四）无锡市 4 种农户类型各种情景下经济、社会和环境效应指标变化表
（BLY = 0%）

单位：%

情景 影响		经济指标			社会指标			环境指标		
		作物总产量 +	农户净收入 +	生产总成本 +	劳动力日均产出 +	农药毒性指数 −	水稻产量 +	K/N 肥之比 +	N 肥投入量 −	N 素流失量 −
低兼小农	Train	4	17	− 6	17	3	22	68	− 34	− 43
	F − tax	4	15	− 6	15	2	22	69	− 35	− 44
	Price	6	26	− 5	26	4	25	78	− 36	− 45
	Sub1	6	21	− 4	21	4	24	70	− 34	− 43
	Sub2	1	17	− 14	17	− 3	19	138	− 51	− 62
中兼小农	Train	13	28	1	28	7	35	103	13	28
	F − tax	12	25	1	25	6	34	106	12	25
	Price	14	38	1	38	7	35	107	14	38
	Sub1	13	33	0	33	7	35	108	13	33
	Sub2	8	27	− 7	27	3	31	128	8	27
高兼小农	Train	− 2	10	− 14	10	− 5	12	61	− 42	− 52
	F − tax	− 2	9	− 15	9	− 6	12	76	− 48	− 59
	Price	− 1	19	− 16	19	− 7	12	87	− 51	− 63
	Sub1	0	14	− 16	14	− 14	− 7	59	− 51	− 66
	Sub2	− 2	11	− 18	11	− 7	12	88	− 51	− 63
种植大户	Train	12	26	11	26	25	71	45	− 11	− 25
	F − tax	12	24	13	24	25	71	45	− 11	− 25
	Price	16	51	11	51	29	92	134	− 28	− 51
	Sub1	13	32	11	32	26	75	54	− 13	− 29
	Sub2	16	38	11	38	29	92	135	− 28	− 51

附录 5 镇江市模拟结果

（一）镇江市 4 种农户类型各种情景下作物轮作情况

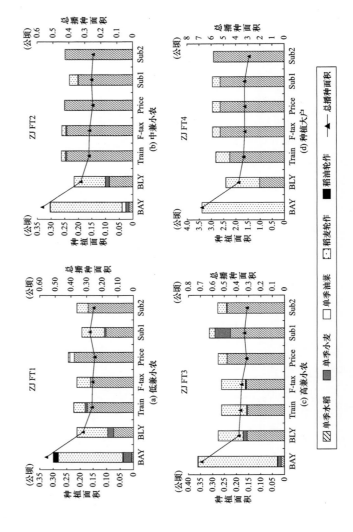

（二）镇江市 4 种农户类型各种情景下施肥技术和机插秧采纳情况

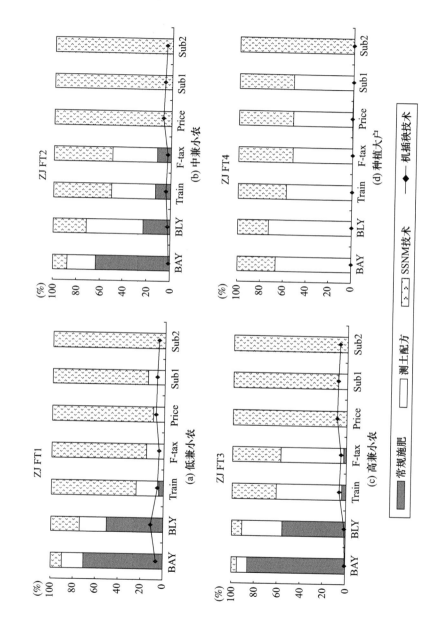

（三）镇江市 4 种农户类型各种情景下经济、社会和环境效应指标变化率图（BAY =0%）

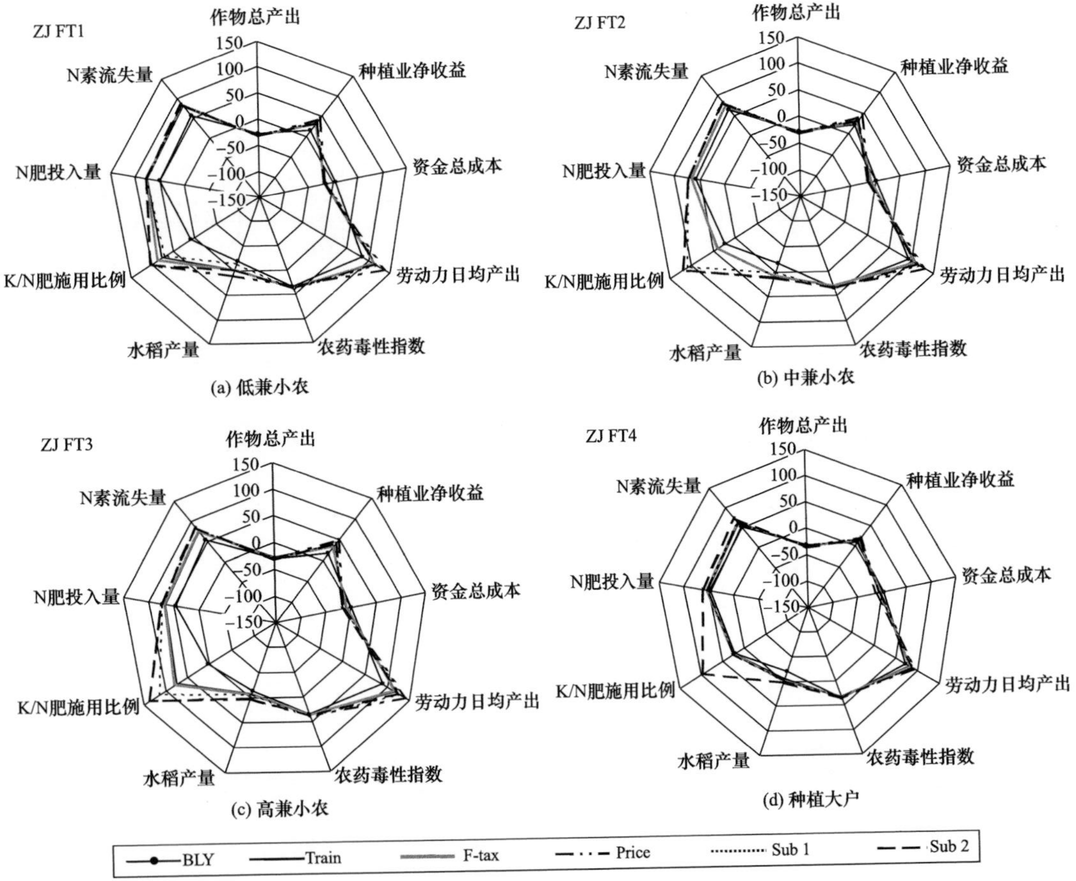

（四）镇江市4种农户类型各种情景下经济、社会和环境效应指标变化率表
（BLY = 0%）

单位:%

影响\情景		经济指标			社会指标			环境指标		
		作物总产量 +	农户净收入 +	生产总成本 +	劳动力日均产出 +	农药毒性指数 −	水稻产量 +	K/N肥之比 +	N肥投入量 −	N素流失量 −
低兼小农	Train	− 5	15	− 19	15	− 2	22	64	− 48	− 56
	F − tax	− 5	14	− 20	14	− 3	20	73	− 53	− 62
	Price	− 5	27	− 22	27	3	37	89	− 55	− 64
	Sub1	− 4	18	− 20	18	− 7	7	58	− 52	− 63
	Sub2	− 6	16	− 23	16	− 4	21	89	− 56	− 68
中兼小农	Train	− 3	9	− 9	9	7	30	14	− 17	− 24
	F − tax	− 3	7	− 8	7	7	30	15	− 19	− 25
	Price	− 5	19	− 15	19	2	34	79	− 33	− 47
	Sub1	− 5	13	− 15	13	− 2	23	70	− 33	− 48
	Sub2	− 6	10	− 17	10	1	33	79	− 34	− 48
高兼小农	Train	4	16	− 9	16	− 2	7	72	− 40	− 46
	F − tax	3	14	− 9	14	− 3	8	75	− 41	− 48
	Price	0	29	− 18	29	− 4	19	133	− 53	− 65
	Sub1	0	22	− 17	22	− 8	8	111	− 51	− 62
	Sub2	− 1	20	− 19	20	− 5	18	133	− 53	− 66
种植大户	Train	− 3	6	− 7	6	4	19	2	− 12	− 19
	F − tax	− 3	6	− 7	6	6	24	3	− 15	− 23
	Price	− 3	11	− 9	11	6	24	3	− 15	− 23
	Sub1	− 3	10	− 9	10	6	24	3	− 15	− 23
	Sub2	− 6	8	− 16	8	1	28	62	− 30	− 44

参考文献

［1］ Abdoulaye T, Sanders J H. Stages and determinants of fertilizer use in semi-arid African agricultural: The niger experience ［J］. Agricultural Economics, 2005, 32 （1）: 167 – 179.

［2］ Ahmadvand M, Karami E. A social impact assessment of the floodwater spreading project on the Gareh – Bygone plain in Iran: A causal comparative approach ［J］. Environmental Impact Assessment Review, 2009, 29 （2）: 126 – 136.

［3］ Asfaw A, Admassie A. The role of education on the adoption of chemical fertilizer under different socioeconomic environments in Ethiopia ［J］. Agricultural Economies, 2004, 30 （3）: 215 – 228.

［4］ Baidu – Forson J. Factors influencing adoption of land – enhancing technology in the Sahel: lessons from a case study in Niger ［J］. Agricultural Economics, 1999, 20 （3）: 231 – 239.

［5］ Baker J L, Johnson H P. Nitrogen in tile drainage as affected by fertilization ［J］. Journal of Environmental Quality, 1981, 10 （4）.

［6］ Barro R J. Determinants of economic growth: A cross – country empirical study ［M］. Cambridge MA, MTT Press, 1997.

［7］ Bardhan P K. Size, productivity and returns to scale: an analysis of farm – level data in Indian agriculture ［J］. Journal of Political Economy, 1973, 6 （81）: 1370 – 1386.

［8］ Besley T. Property rights and investment incentives: theory and evidence from Ghana ［J］. The Journal of Political Economy, 1995, 103 （5）: 903 – 937.

［9］ Brooke A, Kendrick D. GAMS: A user's guide ［R］. GAMS Development Corporation, 1998.

［10］ Brown B. Delphi process: A methodology using for the elicitation of opinions of experts ［M］. The Rand Corporation, 1987: 3925.

[11] Brentrup F, Küsters J, Kuhlmann H, et al. Application of the life cycle assessment methodology to agricultural production: an example of sugar beet production with different forms of nitrogen fertilizers [J]. European Journal of Agronomy, 2001 (14): 221 –233.

[12] Bystrom O, Bromley D. Contracting for nonpoint – source pollution abatement [J]. Journal of Agricultural and Resource Economics, 1998, 23 (1): 39 –54.

[13] Cao Z H, Zhang H C. Phosphorus losses to water from lowland rice fields under rice – wheat double cropping system in the Tai Lake region [J]. Environmental Geochemistry and Health, 2004, 26 (2 –3): 229 –236.

[14] Carter M R, Roth M, Liu S, Yao Y. An empirical analysis of the induced institutional change in post – reform Rural China [C]. Working Paper. Department of Agricultural and Applied Economics, University of Wisconsin – Madison, 1996.

[15] Chambers R. The origins and practice of participatory rural appraisal [J]. World Development, 1994, 22 (7): 953 –969.

[16] Charnes A, Cooper W W, Rhodes E. Measuring the efficiency of decision making units [J]. European Journal of Operational Research, 1978, 2 (6): 429 –444.

[17] Chianu J N, Tsujii H. Determinants of farmers' decision to adopt or not adopt inorganic fertilizer in the savannas of northern Nigeria [J]. Nutrient Cycling in agroecosystems, 2004 (70): 293 –301.

[18] Cortignani R, Severini S. Modeling farm – level adoption of deficit irrigation using Positive Mathematical Programming [J]. Agricultural Water Management, 2009, 96 (12).

[19] Croppenstedt A, Demeke M. The determinants of adoption and levels of demand for fertilizer for cereal growing farmers in Ethopia [C]. Centre for the Study of African Economies Workshop paper series, 1996, 96 (3).

[20] Dale S. Environmental Kuzenets Curve – real progress or passing buck? A case for consumption – based approacheds [J]. Ecological Economics, 1998 (25): 177 –194.

[21] De Brauw A. Seasonal migration and agricultural in Vietnam [R]. ESA Working Paper, 2007: 4.

[22] Deturck D M. The approach to consistency in the Analytic Hierarchy Process [J]. Mathematical Modelling, 1987 (9): 61 –65.

[23] Dobermann A, Cassman K G. Precision nutrient management in intensive irrigated rice systems: The need for another on – farm revolution [J]. Better Crops International, 1996, 10 (2): 20 –25.

[24] Dobermann A, Witt C, Dawe D, Abdulrachman S, Gines H C, Nagarajan R. et al. Site – specific nutrient management for intensive rice cropping systems in Asia[J]. Field Crops Research, 2002, 74 (1): 37 – 66.

[25] Dowd B, Press D, Los Huertos M. Agricultural nonpoint source water pollution policy: the case of California's Central Coast [J]. Agriculture Ecosystems & Environment, 2008, 128 (3): 51 – 161.

[26] EEC. Commission decision of the 7th of June 1985 establishing a Community Typology for Agricultural Holdings (OJ L 220, 17.8.1985), Decision 85/377, 1985: 1.

[27] Eissa N. Taxation and labor supply of married women: The tax reform act of 1986 as a natural experiment [J]. NBER Working Paper Series, 1995, No. 5023.

[28] Ervin C A, Ervin D E. Factors affecting the use of soil conservation practices [J]. Land Economics, 1982 (58): 79 – 90.

[29] Fan S. Effects of technological change and institutional reform on production growth in Chinese agriculture [J]. American Journal of Agricultural Economics, 1991, 73 (2): 266 – 275.

[30] Feder G, Onchan T, Chalamwong Y, Hongladarom C. Land policies and farm productivity in Thailand [M]. Baltimore and London, The Johns Hopkins University Press, 1988.

[31] Feder G, Just R E, Zilberman D. Adoption of agricultural innovations in developing countries: A survey [J]. Economic Development and Cultural Change, 1985 (33): 255 – 298.

[32] Feldstein M. The effect of marginal tax rates on taxable income: A panel study of the 1986 tax reform act [J]. Journal of Political Economy, 1995 (103): 551 – 572.

[33] Feng S. Land rental market and off – farm employment: Rural households in Jiangxi Province, P. R. China [D]. ph. D thesis of Wageningen University, 2006.

[34] Feng S. Land rental, off – farm employment and technical efficiency of farm households in Jiangxi Province, China [J]. NJAS – Wageningen Journal of Life Sciences, 2008, 4 (55): 363 – 378.

[35] Feng S, Heerink N, Ruben R, Qu F. Land rental market, off – farm employment and agricultural production in southeast China: A plot – level case study [J]. China Economic Review, 2010 (21): 598 – 606.

[36] Feng S, Shi X, Reidsma P, Ma X, Qu F. Agricultural non – point source

pollution in Taihu Lake Basin, P. R. China [M].//McNeill D, Brouwer F, Nesheim I. (Eds.). Land use policies for sustainable development: Exploring integrated assessment tools. Edward Elgar Publishing, Cheltenham, 2011.

[37] Grossman G M, Krueger A B. Economic growth and the environment [J]. Quarterly Journal of Economic, 1995, 110 (2): 353 – 377.

[38] Gruber J, Poterba J. Tax incentives and decision to purchase health insurance: Evidence from the self – employed [J]. Quarterly Journal of Economics, 1994 (109).

[39] Hayami Y, Ruttan V. Agricultural development: An international perspective [M]. Baltimore, MD: Johns Hopkins University Press, 1985.

[40] Heermann D F, Hoeting J, Thompson E E, et al. Interdisciplinary irrigated precision farming research [J]. Precision Agriculture, 2002, 3 (1): 47 – 61.

[41] Hengsdijk H, Nieuwenhuyse A, Bouman B A M. Luctor: Land use crop technical coefficient generator; version 2. 0: A model to quantity cropping systems in the northern Atlantic zone of Costa Rica [J]. Quantitative Approaches in Systems Analysis, 1998 (17): 65.

[42] Hengsdijk H, Guanghuo W, Van den Berg M M, et al. Poverty and biodiversity trade – offs in rural development: A case study for Pujiang county, China [J]. Agricultural Systems, 2007, 94 (3): 851 – 861.

[43] Holtz – Eakin D, Selten T M. Stoking the fires? CO_2 emissions and economic growth [J]. Journal of Public Economics, 1995 (57): 85 – 101.

[44] Howitt E R. Positive mathematical programming [J]. American Journal of Agricultural Economics, 1995, 77 (2): 329 – 342.

[45] Huang J, Rosegrant M. Grain supply response in China: A preliminary analysis. The second workshop on projections and policy implications of medium and long term rice supply and demand [M]. International Rice Research Institute. Los Banos, Philippines, 1993.

[46] Huang J, Rozelle S. Technological change: The re – discovery of the engine of productivity growth in China's rural economy [J]. Journal of Development Economics, 1996 (49): 337 – 369.

[47] Islam N, Vincent J, Panayotou T. Unveiling the income – environment relationship: An exploration into the determinants of environmental quality [C]. Harvard Institute for International Development in Its Series Papers with Number 701 (RePEc: fth: harvid: 701), 1998: 1 – 28.

［48］Jacoby H G, Li G, Rozelle S. Hazards of expropriation: Tenure insecurity and investment in rural China［J］. The American Economic Review, 2002, 92 (5): 1420 – 1447.

［49］Jamnick S F, Klindt T H. An analysis of "no – tillage" practice decisions ［M］. Department of Agricultural Economics and Rural Sociology, University of Tennessee, Agricultural Experiment Station, USA, 1985.

［50］Janssen B H, Guiking F C T, Van der Eijk D, et al. A system for quantitative evaluation of the fertility of tropical soils (QUEFTS) ［J］. Geoderma, 1990, 46 (4): 299 – 318.

［51］Janssen S, Louhichi K, Kanellopoulos A, et al. A generic bio – economic farm model for environmental and economic assessment of agricultural systems ［J］. Environmental Management, 2010, 46 (6): 862 – 877.

［52］Júdez L, Chaya C, Martinez S, González A A. Effects of the measures envisaged in "Agenda 2000" on arable crop producers and beef and veal producers: An application of positive mathematical programming to representative farms of a Spanish region ［J］. Agricultural Systems, 2001, 67 (2): 121 – 138.

［53］Jing Q. Improving resource use efficiency in rice – based cropping systems: Experimentation and modeling ［D］. PhD thesis, Wageningen University, Wageningen, The Netherlands, 2007.

［54］Jing Q, Bouman B A M, Hengsdijk H, et al. Exploring options to combine high yields with high nitrogen use efficiencies in irrigated rice in China ［J］. European Journal of Agronomy, 2007, 26 (2): 166 – 177.

［55］Ju X, Xing G, Chen X, et al. Reducing environmental risk by improving N management in intensive Chinese agricultural systems ［J］. Agricultural Sciences, 2009, 106 (9): 3041 – 3046.

［56］Júdez L, de Miguel J M, Bru J, Mas R. Modeling crop regional production using positive mathematical programming ［J］. Mathematical and Computer Modelling, 2002, 35 (1 –2) .

［57］Khanna M. Sequential adoption of site – specific technologies and its implication for nitrogen productivity: A double selectivity model ［J］. American Journal of Agricultural Economics, 2001, 83 (1): 35 – 51.

［58］Kanellopoulos A, Berentsen P, Heckelei T, Van Ittersum M, Oude Lansink A. Assessing the forecasting performance of a generic bio – economic farm model calibrated with two different PMP variants ［J］. Journal Agricultural Economics, 2010,

61 (2): 274 – 294.

[59] Kang C K. Quantifying agro – ecological relationships to assess the impacts of policies on agricultural sustainability in Taihu Lake basin, China [D]. Master Thesis, Wageningen University, Wageningen, The Netherlands, 2009.

[60] Koenig H J. Multifunctional forest management in Guyuan: Potentials, challenges and trade – offs [J]. Journal of Resources and Ecology, 2010, 1 (4): 300 – 310.

[61] König H J, Schuler J, Suarma U, et al. Assessing the impact of land use policy on urban – rural sustainability using the FoPIA approach in Yogyakarta, Indonesia [J]. Sustainability, 2010 (2): 1991 – 2009.

[62] Li G, Rozelle S, Brandt L. Tenure, land rights, and farmer investment incentives in China [J]. Agricultural Economics, 1998, 19 (1 – 2): 63 – 71.

[63] Li H, Han Y, Cai Z. Nitrogen mineralization in paddy soils of the Taihu Region of China under an aerobic conditions: Dynamics and model fitting [J]. Geoderma, 2003, 115 (3 – 4): 161 – 175.

[64] Li H, Han Y, Roelcke M, Cai Z. Net nitrogen mineralization in typical paddy soils of the Taihu Region of China under aerobic conditions: Dynamics and model fitting [J]. Canadian Journal of Soil Science, 2008a (88): 719 – 731.

[65] Li H, Liang X, Chen Y, et al. Ammonia volatilization from urea in rice fields with zero – drainage water management [J]. Agricultural Water Management, 2008b (95): 887 – 894.

[66] Liang X, Li H, He M, et al. The ecologically optimum application of nitrogen in wheat season of rice – wheat cropping system [J]. Agronomy Journal, 2008, 100 (1): 67 – 72.

[67] Lin G. Development and application of an economic model for agricultural policy simulation in China [R]. Farming and Rural System Economics, 2006: 78.

[68] Lin J Y. Rural reforms and agricultural growth in China [J]. American Economic Review, 1992, 82 (1): 34 – 51.

[69] Lindmark M. An EKC – Pattern in historical perspective – carbon dioxide emissions technology fuel prices and growth in Sweden 1870 – 1997 [J]. Ecological Economics, 2002, (4): 333 – 347.

[70] Liu J, Ye J, Yang W. Environmental impact assessment of land use planning in Wuhan City based on ecological suitability analysis [J]. Procedia Environmental Sciences, 2010 (2): 185 – 191.

[71] Liu S, Carter M R, Yao Y. Dimensions and diversity of property rights in Rural China: Dilemmas on the road to further reform [J]. World Development, 1998, 26 (10): 1789 – 1806.

[72] Louhichi K, Kanellopoulos A, Janssen S, et al. FSSIM, a bio – economic farm model for simulating the response of EU farming systems to agricultural and environmental policies [J]. Agricultural Systems, 2010, 103 (8): 585 – 597.

[73] Lucas S G. The "Deming Dinosaur" was a mammoth: New Mexico geological society [J]. Guidebook, 1988 (39): 12 – 13.

[74] Mansfield E. Technical change and the rate of imitation [J]. Econometrica, 1961, 29 (4), 741 – 766.

[75] Mc Donald A T, Kay D. Water resources: Issues and strategies [M]. Longman Scientific and Technical, Harlow, UK, 1988.

[76] McMillan J, Whalley J, Zhu L. The impact of China's economic reforms on agricultural productivity growth [J]. Journal of Political Economy, 1989, 4 (97): 781 – 807.

[77] Meran G, Schwalbe U. Pollution control and collective penalties [J]. Journal of Institutional and Theoretical Economics, 1987, 143 (4): 616 – 629.

[78] Morris J B, Tassone V, de Groot R, Camilleri M, Moncada S. A framework for participatory impact assessment: Involving stakeholders in European policy making, a case study of land use change in Malta [J]. Ecology and Society, 2011, 16 (1): 12 (online) .

[79] Nguyen T, Cheng E, Findlay C. Land fragmentation and farm productivity in China in the 1990s [J]. China Economic Review, 1996, 17 (2): 169 – 180.

[80] Norton N A, Phipps T T, Fletcher J J. Role of voluntary programs in agricultural nonpoint pollution policy [J]. Contemporary Economic Policy, 1994, 12 (1): 113 – 121.

[81] Novotny V, Olem H. Water quality: Prevention, identification, and management of diffuse pollution [M]. John Wiley & Sons, 1994.

[82] Ondersteijn C, Beldman A, Daatselaar C, et al. The Dutch mineral accounting system and the European nitrate directive: Implications for N and P management and farm performance [J]. Agriculture, Ecosystems & Environment, 2002, 92 (2 – 3): 283 – 296.

[83] Pampolino M F, Manguiat I J, Ramanathan S, Gines H C, Tan P S, Chi T T N, Rajendran R, Buresh R J. Environmental impact and economic benefits of site

– specific nutrient management (SSNM) in irrigated rice systems [J]. Agricultural Systems, 2007, 93 (1 – 3): 1 – 24.

[84] Panayotou T. Demystifying the environmental Kuznets curve: Turning a black box into a policy tool [J]. Environmentand Development Economics, 1997, 2 (4): 465 – 484.

[85] Paracchini M L, Pacini C, Jones M M L, Pérez – Soba M. An aggregation framework to link indicators associated with multifunctional land use to the stakeholder evaluation of policy options [J]. Ecological Indicators, 2011, 11 (1): 71 – 80.

[86] Peng S, Garcia F V, Laza R C, et al. Increased N – use efficiency using a chlorophyll meter on high – yielding irrigated rice [J]. Field Crops Research, 1996, 47 (2 – 3): 243 – 252.

[87] Pérez – Soba M, Petit S, Jones L, et al. Land use functions – amultifunctionality approach to assess the impact of land use change on land use sustainability [M]//Helming K,Tabbush P, Pérez – Soba M. (Eds.). Sustainability impact assessment of land use changes. Springer Berlin Heidelberg, New York, 2008: 375 – 404.

[88] Place F., Hazell P. Productivity effects of indigenous land tenure systems in Sub – Saharan Africa [J]. American Journal of Agricultural Economics, 1993, 75 (1): 10 – 19.

[89] Ponsioen T C. TechnoGIN – 3: A technical coefficient generator for cropping systems in East and Southeast Asia [R]. Quantitative Approaches in System Analysis de Wit Graduate School for Production Ecology & Resource Conservation, Wageningen, 2003.

[90] Ponsioen T C, Hengsdijk H, Wolf J, et al. TechnoGIN, a tool for exploring and evaluating resource use efficiency of cropping systems in East and Southeast Asia [J]. Agricultural Systems, 2006 (87): 80 – 100.

[91] Reidsma P, König H, Feng S, et al. Methods and tools for integrated assessment of land use policies on sustainable development in developing countries [J]. Land Use Policy, 2011 (28): 604 – 617.

[92] Reidsma P, Feng S, van Loon M, et al. Integrated assessment of agricultural land use policies on nutrient pollution and sustainable development in Taihu Basin, China [J]. Environmental Science & Policy, 2012 (18): 66 – 76.

[93] Roelcke M, Han Y, Cai Z, Richter J. Nitrogen mineralization in paddy soils of the Chinese Taihu Region under aerobic conditions [J]. Nutrient Cycling Agroecosystems, 2002, 63 (2 – 3): 255 – 266.

[94] Röhm O, Dabbert S. Integrating agri – environmental programs into regional production models: An extension of positive mathematical programming [J]. American Journal of Agricultural Economics, 2003, 85 (1): 254 – 265.

[95] Rousseau S. Effluent trading to improve water quality: what do we know today? [J]. Working Paper series No. 2001 – 26, Katholieke University Leuven. Published in: Tijdschrift voor Economie en Management, 2005: 229 – 260.

[96] Rozelle S, Taylor J E, de Brauw A. Migration, remittances and agricultural productivity in China [J]. American Economic Review, 1999, 89 (2): 287 – 291.

[97] Saha A, Love H A, Schwar R. Adoption of emerging technologies under output uncertainty [J]. American Journal of Agricultural Economics, 1994 (76): 836 – 846.

[98] Segerson K, Wu J. Nonpoint pollution control: Inducing first – best outcomes through the use of threats [J]. Journal of Environmental Economics and Management, 2006, 51 (2): 165 – 184.

[99] Seiford L M. Data envelopment analysis: The evolution of state of the art (1978 – 1995) [J]. Journal of Production Analysis, 1996 (7): 99 – 137.

[100] Selden T M, Song D. Environmental quality and development: Is there a Kuznets Curve for air pollution emissions? [J]. Journal of Environmental Economics and Management, 1994, 27 (2): 147 – 162.

[101] Sheikh A D. Logistic models for identifying the factors that influence the uptake of new "no – tillage" technologies by farmers in the rice – wheat and the cotton – wheat farming systems of Pakistan's Punjab [J]. Agricultural Systems, 2003 (75): 79 – 95.

[102] Shortle J S, Horan R D. The economics of nonpoint pollution control [J]. Journal of Economic Survey, 2001 (15): 255 – 289.

[103] Smaling E M A, Janssen B H. Calibration of QUEFTS, a model predicting nutrient uptake and yields from chemical soil fertility indices [J]. Geoderma, 1993, 59 (1 – 4): 21 – 44.

[104] Stavins N R. Market – based environmental policies [A] //Portney R. P. Stavins N. R. Public policies for environmental protection (2nd Edition) [C]. Resources for the Futrue, Washington, D. C. , 2000: 41 – 47.

[105] Stokey N L. Are there limits to growth? [J]. International Economic Review, 1998 (39): 1 – 31.

[106] Thangata P H, Alavalapati J R R. Agroforestry adoption in southern Malawi: the case of mixed intercropping of Gliricidia sepium and maize [J]. Agricultural Systems, 2003 (78): 57 – 71.

[107] Tian Y H, Yin B, Yang L Z, et al. Nitrogen runoff and leaching losses during rice – wheat rotations in Taihu Lake region, China [J]. Pedosphere, 2007, 17 (4): 445 – 456.

[108] Tietenberg T. Emissions trading: An exercise in reforming pollution policy [M]. Washington DC: Resources for the Future, 1985.

[109] Van den Berg M M, Hengsdijk H, Wolf J, et al. The impact of increasing farm size and mechanization on rural income and rice production in Zhejiang province, China [J]. Agricultural Systems, 2007, 94 (3): 841 – 850.

[110] Van Ittersum M K, Ewert F, Heckelei T, et al. Integrated assessment of agricultural systems—A component – based framework for the European Union (SEAM-LESS) [J]. Agricultural Systems, 2008, 96 (1 – 3): 150 – 165.

[111] Van Loon M. Adapting and using the bio – economic model FSSIM to assess the impact of agricultural policies on sustainable development of arable farming in Taihu Basin, China [D]. Master thesis, Wageningen University, Wageningen, The Netherlands, 2010.

[112] Vasisht A K, Sujith Kumst S, Aggarwal P K, et al. An integrated evaluation of trade – offs between environmental risk factors and food production using Interactive Multiple Goal Linear Programming—A case study of Haryana [J]. Indian Journal of Agricultural Economics, 2007 (2).

[113] Vatn A, Krogh E, Gundersen F, Vedeld P. Environmental taxes and politics: The dispute over nitrogen taxes in agriculture [J]. European Environment, 2002, 12 (4): 224 – 240.

[114] Verburg R, Bezlepkina I, McNeill D, et al. D2.3 – Land use policies and sustainable development in developing countries. Defining sustainable development in the context of LUPIS [R]. LUPIS, EU 6th Framework Program, 2008.

[115] Wang D, Liu Q, Lin J, Sun R. Optimum nitrogen use and reduced nitrogen loss for production rice and wheat in the Yangtse Delta region [J]. Environmental Geochemistry and Health, 2004 (26): 221 – 227.

[116] Wang G, Zhang Q, Witt C, Buresh R J. Opportunities for yield increases and environmental benefits through site – specific nutrient management in rice systems of Zhejiang province, China [J]. Agricultural Systems, 2007, 94 (3): 801 – 806.

[117] Wang X Z, Zhu J G, Gao R, et al. Nitrogen cycling and losses under rice – wheat rotations with coated urea and urea in the Taihu Lake region [J]. Pedosphere, 2007, 17 (1): 62 – 69.

［118］Whipker D L, Akridge T J. Precision agricultural services dealership survey results［D］. Center for Food and Agricultural Business, Purdue University, 2007.

［119］Xepapadeas A. Environmental policy under imperfect information：Incentives and moral hazard［J］. Journal of Environmental Economics Management, 1991, 20（2）：113 – 126.

［120］Xepapadeas A, Amri E. Environmental quality and economic development：Empirical evidence based on qualitative characteristics［R］. Nota di Lavoro 15. 95 Fondazione Eni Enrico Mattei, 1995.

［121］Yao Y, Carter M R. Land tenure, factor proportions and land productivity：Theory and evidence from China［C］. Working Paper, Department of Agricultural and Applied Economics, University of Wisconsin – Madison, 1996.

［122］Zhang B, Carter C A. Reforms, the weather, and productivity growth in China's grain sector［J］. American Journal of Agricultural Economics, 1997, 79（4）：1266 – 1277.

［123］Zhai S, Yang L, Hu W. Observations of atmospheric nitrogen and phosphorus deposition during the period of algal bloom formation in northern Lake Taihu, China［J］. Environmental Management, 2009, 44（3）：542 – 551.

［124］蔡荣. 农业化学品投入状况及其对环境的影响［J］. 中国人口·资源与环境, 2010, 20（3）：107 – 110.

［125］曹建如. 旱作农业技术的经济、生态与社会效益评价研究——以河北省为例［D］. 中国农业科学院博士学位论文, 2007.

［126］车晓皓. 太湖流域农户环境友好型新技术采用行为研究［D］. 南京农业大学硕士学位论文, 2010.

［127］陈吉宁, 李广贺, 王洪涛. 滇池流域面源污染控制技术研究［J］. 中国水利, 2004（9）：47 – 51.

［128］陈诗波. 循环农业产出效益及其影响因素分析——基于结构方程模型与湖北省农户调研实证［J］. 农业技术经济, 2009（5）：81 – 91.

［129］陈水勇, 吴振明, 俞伟波等. 水体富营养化的形成、危害和防治［J］. 环境科学与技术, 1999, 85（2）：11 – 15.

［130］陈玉成, 陈庭树. 层次分析法在胱氨酸生产废水资源化决策中的应用［J］. 农业环境保护, 1995, 14（6）：266 – 269.

［131］陈志刚. 农地产权结构与农业绩效——对转型期中国的实证研究［D］. 南京农业大学博士学位论文, 2005.

［132］程波, 张泽, 陈凌等. 太湖水体富营养化与流域农业面源污染的控制

[J].农业环境科学学报，2005（24）：118－124.

　　[133] 程颖.我国排污权交易制度研究[D].吉林大学硕士学位论文，2008.

　　[134] 储诚山，陈洪波，刘伯霞.模糊算法用于 CDM 项目可持续影响评价的研究[J].开发研究，2008（4）：16－18.

　　[135] 崔海兴，王立群，郑风田.退耕还林工程社会影响比较评价[J].农村经济，2008（6）：29－33.

　　[136] 崔玉婷，程序，韩纯儒等.苏南太湖流域水稻经济生态适宜施氮量研究[J].生态学报，2000（4）：659－662.

　　[137] 邓祥宏，穆月英，钱加荣.我国农业技术补贴政策及其实施效果分析——以测土配方施肥补贴为例[J].经济问题，2011（5）.

　　[138] 丁磊.浅析江苏农村劳动力转移问题及对策[D].南京农业大学硕士学位论文，2006.

　　[139] 董鸿鹏，吕杰，周艳波.农户技术选择行为的影响因素分析[J].农业经济，2007（8）：60－61.

　　[140] 范立春，彭县龙，刘元英等.旱地水稻适地管理的研究与应用[J].中国农业科学，2005（38）：1761－1766.

　　[141] 方鸿.中国农业生产技术效率研究：基于省级层面的测度、发现与解释[J].农业技术经济，2010（1）：34－41.

　　[142] 封进，刘芳，陈沁.新型农村合作医疗对县村两级医疗价格的影响[J].经济研究，2010（11）：127－141.

　　[143] 冯相昭，李丽平，田春秀等.中国 CDM 项目对可持续发展的影响评价[J].中国人口·资源与环境，2010，20（7）：129－135.

　　[144] 傅家骥.技术创新学[M].北京：清华大学出版社，1998.

　　[145] 高雷.水稻种植户生产行为研究——基于要素投入视角[D].中国农业科学院博士学位论文，2011.

　　[146] 高梦滔，张颖.小农户更有效率？——八省农村的经验证据[J].统计研究，2006（8）：21－26.

　　[147] 高启杰.农业技术推广中的农民行为研究[J].农业科技管理，2000（1）：28－30.

　　[148] 高云宪，高贤彪，梁晓辉.肥料施用技术与农业可持续发展[J].中国农村经济，1999（10）：28－33.

　　[149] 葛继红，周曙东，朱红根等.农户采用环境友好型技术行为研究——以配方施肥技术为例[J].农业技术经济，2010（9）：57－64.

　　[150] 葛继红，周曙东.农业面源污染的经济影响因素分析——基于1978～

2009 年的江苏省数据[J].中国农村经济，2011（5）：72 - 78.

[151] 葛继红. 江苏省农业面源污染及治理的经济学研究——以化肥污染与配方肥技术推广政策为例[D].南京农业大学博士学位论文，2011.

[152] 顾焕章. 技术进步和农业发展[M].南京：江苏科学技术出版社，1993.

[153] 国家发展改革委员会. 太湖流域水环境综合治理总体方案[R].2008.

[154] 韩俊. 土地政策：从小规模均田制走向适度规模经营[J].调研世界，1998（5）：8 - 9.

[155] 韩洪云，杨增旭. 农户测土配方施肥技术采纳行为研究——基于山东省枣庄市薛城区农户调研数据[J].中国农业科学，2011（4）：4962 - 4970.

[156] 郝建平. 农业推广原理与实践[M].北京：中国农业科技出版社，1998.

[157] 何浩然，张林秀，李强. 农民施肥行为及农业面源污染研究[J].农业技术经济，2006（6）：2 - 10.

[158] 何凌云，黄季焜. 土地使用权的稳定性与肥料使用——广东省实证研究[J].中国农村观察，2001（5）：42 - 48.

[159] 贺缠生，傅伯杰，陈利顶. 非点源污染的管理及控制[J].环境科学，1998，19（5）：88 - 96.

[160] 侯克复. 环境系统工程[M].北京：北京理工大学出版社，1992.

[161] 侯云鹏，谢佳贵，尹彩侠等. 测土配方施肥对玉米产量及化肥利用率的影响[J].安徽农业科学，2010，38（18）：9452 - 9454.

[162] 洪家宜，李怒云. 天保工程对集体林区的社会影响评价[J].植物生态学报，2002，26（1）：115 - 123.

[163] 胡鞍钢. 人口增长、经济增长、技术变化与环境变迁——中国现代环境变迁（1952～1990）[J].环境科学进展，1993，5（1）：1 - 17.

[164] 胡初枝，黄贤金. 农户土地经营规模对农业生产绩效的影响分析——基于江苏省铜山县的分析[J].农业技术经济，2007（6）：81 - 84.

[165] 胡浩，张晖，岳丹萍. 规模养猪户采纳沼气技术的影响因素分析——基于对江苏 121 个规模养猪户的实证研究[J].中国沼气，2008，26（5）：21 - 25.

[166] 胡瑞法，黄季焜，袁飞. 技术扩散的内在动因——水稻优良品种的扩散模型及其影响因素分析[J].农业技术经济，1994（4）：37 - 42.

[167] 胡思彬，潘大桥. 测土配方施肥对淀粉专用红薯产量的影响[J].贵州农业科学，2009，37（5）：74 - 75.

[168] 黄德明. 十年来我国测土施肥的进展[J].植物营养与肥料学报，

2003，9（4）：495－499.

［169］黄国斌，李家贵．测土配方施肥对玉米养分吸收、产量及效益的影响［J］.贵州农业科学，2010，38（1）：23－25.

［170］黄季焜，Scott Rozelle. 技术进步和农业生产发展的原动力——水稻生产力增长的分析［J］.农业技术经济，1993（6）：21－29.

［171］黄进宝，范晓晖，张绍林等．太湖地区黄泥土壤水稻氮素利用与经济生态适宜施氮量［J］.生态学报，2007，27（2）：588－595.

［172］黄农荣，欧杰文，钟旭华等．水稻适地养分管理技术（SSNM）示范效果［J］.作物杂志，2006（4）：50－54.

［173］焦雯珺，闵庆文，成升魁等．太湖流域稻麦轮作系统实际施氮量及其多重效应——基于农户调研的实证分析［J］.自然资源学报，2011，26（6）：955－963.

［174］金书秦，魏珣，王军霞．发达国家控制农业面源污染经验借鉴［J］.环境保护，2009（20）：74－75.

［175］靳乐山，王金南．中国农业发展对环境的影响分析［A］.//中国环境政策（第一卷）［M］.北京：中国环境科学出版社，2004.

［176］亢霞，刘秀梅．我国粮食生产的技术效率分析——基于随机前沿分析方法［J］.中国农村观察，2005（4）：25－32.

［177］孔融融．农地流转对土地细碎化及农业产出的影响——以南京市为例［D］.南京农业大学硕士学位论文，2011.

［178］孔祥智，方松海，庞晓鹏等．西部地区农户禀赋对农业技术采纳的因素分析［J］.经济研究，2004（12）：85－95.

［179］李宝刚，谭超，何容信．化肥对环境的污染及其防治［J］.现代农业科技，2009（4）：193－194.

［180］李秉祥，黄泉川．环境问题的经济学分析与环境保护手段的重新整合［J］.经济与管理研究，2005（5）：56－60.

［181］尤·李比希．化学在农业和生理学上的应用［M］.刘更另译．北京：农业出版社，1983.

［182］李昌健，栗铁申．测土配方施肥技术问答［M］.北京：中国农业出版社，2005.

［183］李丁，马金珠，南忠仁．干旱区灌溉农田退耕还林政策实施的WSU－PRA调查研究——以甘肃民勤绿洲为例［J］.干旱区资源与环境，2004，18（8）：82－86.

［184］李贵宝，尹澄清，单宝庆．非点源污染控制与管理研究的概况与展望

[J].农业环境保护，2001，20（3）：190－191.

[185] 李海明．农民技术服务需求的决定研究[J].乡镇经济，2007（4）：66－70.

[186] 李焕彰，钱忠好．财政支农政策与中国农业增长：因果与结构分析[J].中国农村经济，2004（8）：38－43.

[187] 李慧．构建经济激励机制及服务体系解决农业面源污染问题[D].复旦大学硕士学位论文，2011.

[188] 李江林．浅谈测土配方施肥技术［EB/OL］.http：//www.doc88.com/p－295946927451.html.

[189] 李洁．长三角地区化肥投入环境影响的经济学分析[D].南京农业大学博士学位论文，2008.

[190] 李克强．中国的环境经济政策[J].生态经济，2000（11）：39－42.

[191] 李太平，张锋，胡浩．中国化肥面源污染 EKC 验证及其驱动因素[J].中国人口·资源与环境，2011，21（11）：118－123.

[192] 李铁映．社会主义市场经济理论的形成和重大突破——纪念中国共产党第十一届三中全会 20 周年[J].经济研究，1999（3）：3－15.

[193] 李伟波，吴留松，廖海秋．太湖地区高产稻田氮肥施用与作物吸收利用的研究[J].土壤学报，1997，34（1）：67－72.

[194] 李贤胜，杨平，卢祖瑶．基于 GIS 的测土配方施肥管理模型研究——以宣城市广德县邱村镇邱村为例[J].土壤，2008，40（5）：852－856.

[195] 黎红梅，李波，唐启源．南方地区玉米产量的影响因素分析——基于湖南省农户的调查[J].中国农村经济，2010（7）：87－93.

[196] 梁流涛，冯淑怡，曲福田．农业面源污染形成机制：理论与实证[J].中国人口·资源与环境，2010，20（4）：74－80.

[197] 廖洪乐，习银生，张照新．中国农村土地承包制度研究[M].北京：中国财政经济出版社，2003.

[198] 林毅夫．制度、技术与中国农业发展[M].上海：上海三联书店，1994.

[199] 刘传江．中国粮食流通的制度安排及其变迁[J].经济评论，2000（2）：48－51.

[200] 刘东，苏石，马云凤等．基于德尔菲法的城镇供水 BOT 项目风险规避策略[J].农机化研究，2004（4）：51－52.

[201] 刘建昌，陈伟琪，张珞平，洪华生．构建流域农业非点源污染控制的环境经济手段研究——以福建省九龙江流域为例[J].中国生态农业学报，2005，

13 （3）：186－190.

［202］刘立军，桑大志，刘翠莲等．实时适地氮肥管理对水稻产量和氮素利用率的影响［J］.中国农业科学，2003，36（12）：1456－1461.

［203］刘立军，徐伟，桑大志等．适地氮肥管理提高水稻氮肥利用效率［J］.作物学报，2006，32（7）：987－994.

［204］刘立军，徐伟，吴长付等．适地氮肥管理下的水稻生长发育和养分吸收特性［J］.中国水稻科学，2007，21（2）：167－173.

［205］刘立军，杨力年，孙小淋等．水稻适地氮肥管理的氮肥利用效率及其生理原因［J］.作物学报，2009，35（9）：1672－1680.

［206］刘涛，曲福田，金晶，石晓平．土地细碎化、土地流转对农户土地利用效率的影响［J］.资源科学，2008，10（30）：1511－1516.

［207］刘轩，张彩虹，赵娥．PRA方法在林木生物质能源项目中的应用［J］.林业经济，2003（3）：25－28.

［208］罗发友．农业产出水平及其影响因素的相关分析［J］.科技进步与对策，2002（3）：98－100.

［209］马九杰．中国转轨时期的经济波动与农业［M］.北京：中国农业科技出版社，1999.

［210］马贤磊．现阶段农地产权制度对农业生产绩效影响研究——以丘陵地区水稻生产为例［D］.南京农业大学博士学位论文，2008.

［211］马忠东，张为民，梁在，崔红艳．劳动力流动：中国农村收入增长的新因素［J］.人口研究，2004，3（28）：2－10.

［212］毛显强，李向前，涂莹燕等．农业贸易政策对环境影响评价的案例研究［J］.中国人口·资源与环境，2005，15（6）：40－45.

［213］孟德锋，张兵，王翌秋．新型农村合作医疗对农民卫生服务利用影响的实证研究——以江苏省为例［J］.经济评论，2009（3）：69－76.

［214］孟磊，贾兴．欧洲绿色税收改革研究［J］.中国矿业，2008，17（8）：16－18.

［215］孟晓华，崔志明．高新技术及其产业技术预见实证研究——基于两轮"德尔菲"调查［J］.科学管理研究，2005，23（2）：60－64.

［216］莫凤鸾，廖波，林武．农业面源污染现状及防治对策［J］.环境科学导刊，2009，28（4）：51－54.

［217］农业部．中国农业发展报告（1999）［M］.北京：中国农业出版社，1999.

［218］OECD.环境管理中的经济手段［M］.北京：中国环境科学出版

社，1996.

[219] 潘岳. 谈谈环境经济新政策[J]. 环境经济，2007（10）：17 – 22.

[220] 彭少兵，黄见良，钟旭华等. 提高中国稻田氮肥利用率的研究策略[J]. 中国农业科学，2002，35（9）：1095 – 1103.

[221] 彭水军，包群. 经济增长与环境污染——环境库兹涅茨曲线假说的中国检验[J]. 财经问题研究，2006，8（273）：3 – 17.

[222] 钱贵霞，李宁辉. 不同粮食生产经营规模农户效益分析[J]. 农业技术经济，2005（4）：60 – 63.

[223] 秦伯强，胡维平，陈伟民等. 太湖水环境演化过程与机理[M]. 北京：科学出版社，2004.

[224] 邱君. 我国化肥施用对谁污染的影响及其调控措施[J]. 农业经济问题（增刊），2007.

[225] 屈迪. 基于农户视角的乡镇农业技术推广机构绩效评价研究——以德阳市 20 个乡镇农技机构为例[D]. 四川农业大学硕士学位论文，2011.

[226] 屈小博. 不同规模农户生产技术效率差异及其影响因素分析——基于超越对数随机前沿生产函数与农户微观数据[J]. 南京农业大学学报（社会科学版），2009，9（3）：27 – 35.

[227] 冉圣宏，吕昌河，贾克敬等. 基于生态服务价值的全国土地利用变化环境影响评价[J]. 环境科学，2006，27（10）：39 – 44.

[228] 任勇，冯东方，俞海. 中国生态补偿理论与政策框架设计[M]. 北京：中国环境科学出版社，2008：177.

[229] 沈文杰. 农业面源污染治理政策选择——基于浙江农户化肥投入意愿的分析[D]. 浙江工商大学硕士学位论文，2010.

[230] 盛建东，李荣. 基于 GIS 的区域土壤养分管理与作物推荐施肥信息系统研究[J]. 土壤，2002，34（2）：77 – 81.

[231] 宋军，胡瑞法，黄季焜等. 农民的农业技术行为分析[J]. 农业技术经济，1998（6）：36 – 44.

[232] 谭金芳，张自立，邱慧珍. 作物施肥原理与技术[M]. 北京：中国农业大学出版社，2003：29 – 43.

[233] 汤锦如. 农业推广学（第二版）[M]. 北京：中国农业出版社，2005.

[234] 唐永金，敬永周，侯大斌，许元平. 农民自身因素对采用创新的影响[J]. 绵阳市经济技术高等专科学校学报，2000，17（2）：37 – 40.

[235] 唐秀美，赵庚星，路庆斌. 基于 GIS 的县域耕地测土配方施肥技术研

究[J].农业工程学报，2008，24（7）：34－39.

［236］唐宗焜．合作社功能和社会主义市场经济[J].经济研究，2007（12）：11－23.

［237］万广华，程恩江．规模经济、土地细碎化与我国的粮食生产[J].中国农村观察，1996（3）：31－37.

［238］汪三贵，毛建森，朴之水．中国的小额信贷[J].农业经济问题，1998（4）：11－18.

［239］王丹莉．统购统销研究评述[J].当代中国史研究，2008，15（1）：50－61.

［240.王光火，张奇春，黄昌勇．提高水稻氮肥利用率、控制氮肥污染的新途径——SSNM[J].浙江大学学报（农业与生命科学版），2003，29（1）：67－70.

［241］王姣，肖海峰．中国粮食直接补贴政策效果评价[J].中国农村经济，2006（12）：4－12.

［242］王姣，肖海峰．我国良种补贴、农机补贴和减免农业税政策效果分析[J].农业经济问题，2007（2）：24－28.

［243］王金南，蒋洪强，葛察忠．积极探索新时期环境经济政策体系[J].环境经济，2008（1）：25－29.

［244］王金南，张吉，杨金田．环境友好型社会的内涵与实现途径[J].环境保护，206（3）：42－45.

［245］王坤，白治辉，莫国华等．测土配方施肥技术对马铃薯产量和效益的影响[J].贵州农业科学，2009，37（4）：44－45.

［246］王鸥，金书秦．热点聚焦农业面源污染防治：国外经验及启示[J].世界农业，2012（1）：1－5.

［247］王淑珍，张丽娟，徐金茹等．夏玉米测土配方专用肥的施用效果[J].安徽农业科学，2008，38（18）：14192－14194.

［248］王炜，纪江海，冯洪海等．城镇规划中人口规模分析与预测[J].河北农业大学学报，2001，24（3）：83－85.

［249］王蔚斌，吴成祥，杨旭．农户节水灌溉技术选择行为的分析[J].海河水利，2006（8）：40－43.

［250］王志刚，汪超，许晓源．农户认知和采纳创业农业的机制：基于北京城郊四区果树产业的问卷调查[J].中国农村观察，2010（4）：33－43.

［251］韦洪莲，倪晋仁．面向生态的西部开发政策环境影响评价[J].中国人口·资源与环境，2001，11（4）：21－24.

［252］魏权龄．数据包络分析（DEA）[J].科学通报，2000，45（17）：1793－

1808.

[253] 吴冲. 农户新技术选择行为的影响因素分析及对策建议[J]. 上海农村经济, 2007 (4): 16-19.

[254] 吴联灿, 申曙光. 新型农村合作医疗制度对农民健康影响的实证研究[J]. 保险研究, 2010 (6): 60-68.

[255] 吴建南, 白波, Walker R. 中国地方政府绩效评估中的绩效维度: 现状与未来——基于德尔菲法的研究[J]. 情报杂志, 2009, 28 (10): 1-6.

[256] 吴玉鸣. 农业综合生产能力影响因素的灰色关联与协调分析[J]. 农村经济, 2004 (12): 19-21.

[257] 夏波, 武伟, 刘洪斌. 基于 ArcGIS Engine 构建测土配方施肥信息系统[J]. 西南师范大学学报 (自然科学版), 2007, 32 (2): 59-65.

[258] 夏永秋, 颜晓元. 太湖地区麦季协调农学、环境和经济效益的推荐施肥量[J]. 土壤学报, 2011, 48 (6): 1210-1218.

[259] 夏永祥. 农业效率与土地经营规模[J]. 农业经济问题, 2002 (7): 43-47.

[260] 向平安, 周燕, 黄璜等. 化肥非点源污染控制的绿税措施模拟研究[J]. 湖南农业大学学报 (自然科学版), 2007, 33 (3): 328-332.

[261] 肖莎. 新中国农村工业变迁: 实践与理论[D]. 复旦大学博士学位论文, 2003.

[262] 熊冬洋. 控制农业面源污染的财税政策研究[J]. 财会月刊, 2012 (2): 32-33.

[263] 徐蔼婷. 德尔菲法的应用及其难点[J]. 中国统计, 2006 (9): 57-59.

[264] 徐长清, 邓正华, 万子睦. 农户对循环农业技术采纳研究进展[J]. 现代农业科技, 2011 (15): 26-28.

[265] 徐建英, 陈利顶, 吕一河等. 基于参与性调查的退耕还林政策可持续性评价——卧龙自然保护区研究[J]. 生态学报, 2006, 26 (11): 3789-3795.

[266] 徐晋涛, 陶然, 徐志刚. 退耕还林成本有效性、结构调整效应与经济可持续性——基于西部三省农户调查的实证分析[J]. 经济学季刊, 2004 (1): 139-156.

[267] 许树柏. 层次分析法[M]. 天津: 天津大学出版社, 1988.

[268] 许无惧主编. 农业推广学[M]. 北京: 北京农业大学出版社, 1989.

[269] 薛凤蕊. 土地规模经营模式及效果评价——以内蒙古鄂尔多斯市为例[D]. 内蒙古农业大学博士学位论文, 2010.

[270] 闫湘, 金继运, 何萍, 梁鸣早. 提高肥料利用率技术研究进展[J].

中国农业科学，2008，41（2）：450-459.

［271］闫丽珍，石敏俊，王磊．太湖流域农业面源污染及控制研究进展［J］.中国人口、资源与环境，2010，20（1）：99-107.

［272］晏娟，沈其荣，尹斌等．太湖地区稻麦轮作系统下施氮量对作物产量及氮肥利用率影响的研究［J］.土壤，2009a，41（3）：372-376.

［273］晏娟，尹斌，张绍林等．太湖地区稻麦轮作系统中氮肥效应的研究［J］.南京农业大学学报，2009b，32（1）：61-66.

［274］杨增旭．农业化肥面源污染治理：技术支持与政策选择［D］.浙江大学博士学位论文，2011.

［275］杨展里．水污染物排放权交易技术方法研究［D］.河海大学博士学位论文，2001.

［276］姚洋．农地制度与农业绩效的实证研究［J］.中国农村观察，1998（6）：1-10.

［277］叶学春．测土配方施肥是农业发展的战略性措施［J］.中国农机推广，2004（4）：4-6.

［278］俞海，黄季焜．土壤肥力变化的社会经济影响因素分析［J］.资源科学，2003，25（2）：63-72.

［279］俞海，黄季焜，Rozelle S. 等．地权稳定性、土地流转与农地资源持续利用［J］.经济研究，2003（9）：82-95.

［280］袁志彬，任中保．德尔菲法在技术预见中的应用与思考［J］.科技管理研究，2006（10）：217-219.

［281］易福金，徐晋涛，徐志刚．退耕还林经济影响再分析［J］.中国农村经济，2006（10）：28-36.

［282］张兵，左平桂．WUA与农民专业合作组织相互配合的效果评价［J］.农业技术经济，2009（1）：98-102.

［283］张成龙，柴沁虎，张阿玲，韩维建．中国玉米生产的生产函数分析［J］.清华大学学报（自然科学版），2009，49（12）：2028-2031.

［284］张成玉，肖海峰．我国测土配方施肥技术增收节支效果研究——基于江苏、吉林两省的实证分析［J］.农业技术经济，2009（2）：44-52.

［285］张成玉，肖海峰，Kuehl Y. 江苏省测土配方施肥技术的经济效果评价［J］.技术经济，2009，28（4）：66-71.

［286］张东风．农户水稻良种购买意愿影响因素分析——以南京市为例［D］.南京农业大学硕士学位论文，2008.

［287］张宏艳．发达国家应对农业面源污染的经济管理措施［J］.世界农业，

2006（5）：38－40.

[288] 张家宏，寇祥明，王守红．测土配方施肥技术对夏季青菜生长的影响研究[J]．安徽农业科学，2008，36（18）：7762－7763，7768.

[289] 张舰，韩纪江．有关农业新技术采用的理论及实证研究[J]．中国农村经济，2002（11）：54－60.

[290] 张建军．国际工程项目承包中的风险管理研究[D]．重庆大学硕士学位论文，2007.

[291] 张腊娥．论苏南农村劳动力流动的战略选择[J]．农业技术经济，1999（6）：51－54.

[292] 张林秀，黄季焜，方乔彬．农民化肥使用水平的经济评价和分析[M]//朱兆良，David Norse，孙波．中国农业面源污染控制对策（中英文）北京：中国环境科学出版社，2006.

[293] 张琴．测土配方施肥——化肥施用史上的一次革命[J]．中国农资，2005（2）：47－49.

[294] 张认连．模拟降雨研究水网地区农田氮磷的流失[D]．中国农业科学院硕士学位论文，2004.

[295] 张维理，冀宏杰，Kolbe H.，徐爱国．中国农业面源污染形势估计及控制对策：欧美国家农业面源污染状况及控制[J]．中国农业科学，2004，37（7）：1018－1025.

[296] 张蔚文．农业非点源污染控制与管理政策研究：以平湖市为例的政策模拟与设计[D]．浙江大学博士学位论文，2006.

[297] 张晓，高海清，郭东敏等．层次分析法在陕北退耕还林可持续发展影响因子评价中的应用[J]．水土保持通报，2010，30（5）：147－151.

[298] 张笑寒．农村土地股份合作制的制度解析与实证研究[D]．南京农业大学博士学位论文，2007.

[299] 张学兵．粮食统购统销制度解体过程的历史考察[J]．中共党史研究，2007（3）：54－60.

[300] Danièle Perrot － Maitre Patsy Davis．森林水文服务市场开发的案例分析[J]．张亚玲译．林业科技管理，2002（4）：44－57.

[301] 张耀刚，应瑞瑶．农户技术服务需求的优先序及影响因素分析——基于江苏省种植业农户的实证研究[J]．经济学研究，2007（3）：65－71.

[302] 张怡，勾鸿量．太湖流域城市防洪问题思考[J]．中国防汛抗旱，2011（1）：44－46.

[303] 张云华，马九杰，孔祥智．农户采用无公害和绿色农药行为的影响因

素分析——对山西、陕西和山东 15 县（市）的实证分析[J].中国农村经济，2004（1）：41－49.

[304] 赵绪福.贫困山区农业技术扩散速度分析[J].农业技术经济，1996（4）：41－44.

[305] 翟文侠，黄贤金.应用 DEA 分析农户对退耕还林政策实施的响应[J].长江流域资源与环境，2005，14（2）：198－203.

[306] 郑涛，穆环珍，黄衍初等.非点源污染控制研究进展[J].环境保护，2005（2）：31－33.

[307] 支海宇.排污权交易应用于农业面源污染研究[J].生态经济，2007（4）：137－139.

[308] 中华人民共和国国家发展和改革委员会编制.太湖流域水环境综合治理总体方案 [R].2008.

[309] 中华人民共和国环境保护部，农业部与国家统计局.第一次全国污染源普查公报 [R].2010.

[310] 中华人民共和国环境保护部.2010 年中国环境状况公报 [R].2010.

[311] 钟旭华，郑海波，黄农荣等.适地养分管理技术（SSNM）在华南双季早稻的应用效果[J].中国稻米，2006（3）：30－33.

[312] 周春平.苏南模式与温州模式的产权比较[J].中国农村经济，2002（8）：39－46.

[313] 周黎安，陈烨.中国农村税费改革的政策效果：基于双重差分模型的估计[J].经济研究，2005（8）：44－53.

[314] 周曙东.农产品进口所带来的社会经济及环境影响——以江苏省为例[J].南京农业大学学报，2001，24（4）：89－92.

[315] 周天勇.为什么要建立新的社会主义市场经济体制[J].管理世界，2000（1）：62－71.

[316] 周晓舟，唐创业.免耕抛栽水稻测土配方施肥效果分析[J].作物杂志，2008（4）：46－50.

[317] 朱明芬，李南田.农户采用农业新技术的行为差异及对策研究[J].农业技术经济，2001（2）：26－29.

[318] 朱晶.农业公共投资、竞争力与粮食安全[J].经济研究，2003（1）：13－21.

[319] 朱希刚，史照林.我国"七五"期间农业技术进步贡献份额的测算[R].中国农业科学院农业经济所，1993.

[320] 朱兆良.推荐氮肥适宜施用量的方法论刍议[J].植物营养与肥料学

报，2006a，12（1）：1-4.

　　［321］朱兆良，Norse D.，孙波．中国农业面源污染控制对策［M］．北京：中国环境科学出版社，2006b.

后　记

　　本书是在我的博士论文的基础上经过了拓展探讨和深化研究而形成的。专著的成形、修改耗费了大量时间和精力。在这个过程中，非常感谢以下几位老师对我的指导和帮助：

　　"寂寞才能绚丽多彩，执著才能春风化雨"是入学时恩师曲福田教授对我们的寄语，这句话成为我的座右铭，一直激励和鞭策着我——面对困难，不要泄气；面对梦想，努力坚持。在此向恩师致以诚挚的谢意和崇高的敬意。同时，也要感谢冯淑怡教授和石晓平教授一直对我的精心培育，两位老师不仅给我创造了包括出国深造等很多学习和锻炼的机会，还对我的博士论文倾注了大量心血，从确定论文选题到数据材料收集，从研究框架构建到论文的撰写无不凝聚着恩师们的智慧和心血。尤其是冯老师在生病期间仍坚持帮我修改论文，看着厚厚的稿子上紧密而艰难的手写批注，我的内心除了感动还是感动。感谢赵波教授对我的赏识与信任，且在工作上和生活上给予我无微不至的关怀。

　　感恩父母及亲人二十余年的养育与栽培，我走的每一步都凝聚着你们的期望、理解和奉献。感谢丈夫李明涛对我的包容、体谅和支持，还有我们可爱的女儿乐乐，愿你健康、快乐。

　　此外，本书的研究工作得到国家自然科学基金项目（71503113、71322301、71573134、71673144）和高等学校博士学科点专项科研基金（20130097110038）的赞助，在此表示衷心的感谢。感谢在实地调研中，参与问卷调研的同学们以及帮忙联系农户的地方部门工作人员的大力配合，为本研究的数据收集提供保障。书中有部分内容参考了有关单位或个人的研究成果，均已在参考文献中列出，在此一并致谢。由于水平所限，本书若有不妥之处，敬请读者批评指正。

罗小娟

2016 年 3 月于南昌